U0069186

成長旅程

一張親子共乘的單程票，
一帖緩解家長擔心焦慮的良方

男孩版

邱巧凡

著

臨床用心，文筆流暢的兒童內分泌科衛教之作

◎林奏延

臺灣邁入少子化時代，除了小孩的生育、養育、教育，家長也更加重視兒童健康與疾病預防，促使臺灣兒科臨床醫療的品質日益提升。其中，「兒童生長發育」扮演相當重要的角色，藉由孩童過高、過矮、過胖、過瘦、性早熟等徵象的診斷與治療，達到兒童疾病預防的目的。

本書作者邱巧凡醫師是長庚體系完整栽培的兒科醫師。邱醫師畢業於長庚大學中醫學系雙主修醫學系，見實習期間表現優異，畢業當年林口長庚醫院兒童內部住院醫師招募應徵者眾，邱醫師在眾多優秀應徵者中脫穎而出，雀屏中選。後續在長庚兒童醫院接受完整兒科專科醫師訓練。在取得兒科專科醫師資格後選擇兒童內分泌科訓練，並順利升任長庚兒童醫院主治醫師。

在邱醫師晉升主治醫師時，林口長庚醫院僅有兩位兒童內分泌科主治醫師，邱醫師配合長庚醫院政策，同時在基隆

長庚、台北長庚、新北市立土城醫院、林口長庚、新竹東元綜合醫院等五個縣市的醫院看診，並獲得多數病童與家長的認同，所以每個門診都門庭若市。

由於邱醫師在兒童內分泌科具豐富臨床經驗，本人主編《兒科常見疾病診療手冊》時，特別請邱醫師協助編寫〈身材矮小〉、〈性早熟〉、〈低血糖〉等章節。當時看過邱醫師擬的文稿後，被邱醫師在臨床的用心與流暢的文筆所感動，便鼓勵邱醫師著手編寫兒童內分泌科常見疾病的衛教書籍。很高興門診業務相當繁重的邱醫師，能夠撥冗整理豐富的臨床經驗，編寫如此完善的衛教書籍，故特地以此推薦序文表示對邱巧凡醫師的肯定與鼓勵。

林口長庚兒童醫學中心名譽院長
前衛生福利部部長

一起守護孩子們的健康

◎李宏昌

邱巧凡醫師在大學七年級西醫實習課程時，由於對兒科學深感興趣，當時特別申請到馬偕兒童醫院兒科部受訓，訓練過程認真優秀、充滿熱忱，更因此播下後續成為兒科醫師的種子。

十三年後，邱醫師已從當年稚嫩的實習醫學生成為獨當一面的長庚醫學中心兒童內分泌科主治醫師。在我擔任臺灣兒科醫學會理事長的任內，邱醫師曾協助參與兒科醫師繼續教育課程的講授，第一次是2022年3月13日臺灣兒科醫學會「兒科繼續教育課程」【感染疾病之外，門診兒童常見問題搜密與攻略】「兒童常見內分泌生長發育問題」的講師。第二次是2023年4月30日的【馬偕兒童醫院青少年全人健康照護研討會】「青少年的媒體使用」主題的講師。兩次的演講都讓我印象深刻，邱醫師善於化繁為簡，將艱澀難懂的醫學知識，以白話淺顯的方式呈現，搭配生動的演說，每次的演講都獲得聽眾熱烈的迴響。

兒科醫學會於1960年4月3日兒童節前夕成立，從成立之

初每年約 40 萬名的新生兒，走過一甲子，如今臺灣每年出生人數只剩 14 萬。面對日益減少的新生兒人數，即將面臨的老人化社會結構，國家未來主人翁的健康守護與疾病防治更顯重要。

許多兒童疾病的警訊可從生長發育的異常出現端倪，現在人孩子生得少，對於兒童生長發育日益重視，邱醫師用心撰寫的《成長旅程：一張親子共乘的單程票，一帖緩解家長擔心焦慮的良方》，完整地陳述兒童成長階段常見的生長發育問題，依不同主題分章節就中西醫觀點陳述說明，用門診常見的臨床案例情境，以淺顯易懂的白話描述搭配插圖呈現，解答家長們的擔憂與導正錯誤的網路迷思，讓兒童照護者知道如何正確辨識兒童生長發育異常，及早發現疾病初期的警訊，及早「正確就醫」。

真心推薦《成長旅程：一張親子共乘的單程票，一帖緩解家長擔心焦慮的良方》給每一位兒童照護者，讓我們一起守護孩子們的健康。

臺灣兒科醫學會理事長

前馬偕兒童醫院院長

中西醫整合教育理念的最佳體現

◎張恒鴻

為落實中西整合醫療，長庚醫療體系於1996年設立中醫部，長庚大學亦於1998年招收第一屆中醫學系雙主修醫學系學生，是繼中國醫藥大學之後，國內第二所大學設置中醫學系雙主修醫學系。筆者有幸接受王創辦人永慶先生的邀請，受聘為長庚紀念醫院中醫醫院副院長，襄贊長庚醫療體系發展傳統中醫與現代醫學整合的相關規劃。

邱巧凡醫師是長庚大學中醫學系雙主修醫學系第五屆的優秀畢業生，在校修習四年中西醫基礎醫學課程之後，再進入醫院接受四年中西醫各科見習與實習訓練，目的在透過醫學中心嚴謹而有系統的臨床、教學與研究，讓中西整合醫療深植於每位醫學生心中。

邱醫師在入學前就曾見證許多親友受惠於中醫藥，因此在學期間就表現出對中西整合醫學的高度熱忱。她在大學四年級，也是基礎醫學課業最繁忙的階段，創辦「高中生中西醫學體驗營」，並擔任首屆總召集人，除了增進國人養

生保健觀念外，也希望透過各行各業的青年才俊，協助發展中西整合醫療。這項營隊一直廣受歡迎，非常成功，並延續至今。本人當時代表院方全力支持，並對邱醫師推廣中西整合醫療的用心留下深刻印象。

長庚大學雙主修醫學生畢業後，仍須選擇在中醫或西醫部門分別接受完整的臨床訓練，以備未來能執行中西整合醫療。邱醫師在林口長庚醫學中心完成兒科專科醫師訓練，成為兒童內分泌專科醫師，並升任主治醫師，持續在醫學中心發展兒童生長中西整合醫療的臨床、教學與研究，可說是長庚體系中西醫整合教育理念的最佳體現。

筆者有感於邱醫師對孩童及其家庭的用心，謹以此序文表示對邱醫師的鼓勵與支持，並將此書推薦給所有擔心孩子生長發育的父母。

前長庚醫療體系中醫副院長
中國醫藥大學前中醫學院院長
中西醫結合研究所所長

將中西整合醫學的觀念
推廣到社會大眾

◎ 楊賢鴻

中醫藥經歷數千年的淬鍊，是老祖宗智慧與經驗的結晶。
王創辦人永慶先生有感於中醫藥有其珍貴價值，應予以傳
承，並結合現代醫學科技進一步研究，發展中西整合醫
學，造福病患、回饋社會。長庚大學中醫學系於1997年
經教育部核准進行籌設，1998年7月成立並招收第一屆學
生，迄今已招收25屆。

本系教育目標是培養兼具傳統中醫與現代醫學知識之中西
醫整合人才。藉由系統掌握中西醫理論與臨床技能，運用
現代化科學知識和方法來研究發展中西醫學術，促進中醫
現代化，以達成整合中西醫學之目標。

本書作者邱巧凡醫師是本系第五屆雙主修醫學系畢業生。邱
醫師在學期間為協助宣傳本系對中西整合醫學的辦學理念，
創立「高中生中西醫學體驗營」，藉由高中生到本系親身體
驗中西醫雙主修課程，瞭解本系對於中西整合醫學教育的用
心，並進一步將中西整合醫學的觀念推廣到社會大眾。

邱醫師在林口長庚醫院中醫部實習期間，筆者時任林口長庚醫院中醫部主任，對邱醫師認真的學習態度印象深刻。許多主治醫師對邱醫師的表現也稱讚有加，所以邱醫師在實習結束後取得「最佳實習醫師」及「書卷獎」的殊榮。

邱醫師善於整合所學中醫與西醫兒科學知識，以簡單話語為病患解說，並提供病患多元的醫療方式選擇，所以病患及家長評價較高，榮獲林口長庚醫院「服務優良人員」。此外，邱醫師自從住院醫師開始看診，至今每個門診都額滿，臨床業務相當繁忙。即使如此，邱醫師在晉升林口長庚醫院兒童內分泌科主治醫師後，仍進到本校臨床醫學研究所攻讀博士班，以深入研究兒童生長的中西醫結合治療。

由於邱巧凡醫師在中西整合醫學的用心與優越表現，本人以此序推薦邱醫師大作。

前林口長庚醫院中醫部主任
長庚大學中醫學系主任

所有父母都受惠的一本書

◎陳木榮

有個青春期的男孩子，因為早上起床的時候陰莖疼痛，被爸爸媽媽帶來診所做檢查。我現場看了一下孩子的陰莖，發現他的包皮前端開口過小，無法褪下包皮露出龜頭，加上進入青春期之後每天早上晨間充血勃起，包皮緊緊包覆拉扯陰莖，因而導致陰莖疼痛。

我現場解釋孩子的狀況時，媽媽開口問了一句話：「你的意思是正常人的陰莖不是這樣，是嗎？」當我正想進一步說明的時候，我發現媽媽的眼睛是看著爸爸的。我隱約感覺到，爸爸應該也是包莖，也是無法褪下包皮露出龜頭，也因此當孩子出現同樣狀況的時候，爸爸媽媽習以為常，認為大家都是一樣的，無法立刻發現孩子的問題。

關於男生女生的青春期，關於生殖器官，不具醫療相關背景的爸爸媽媽，的確沒有辦法了解的十分透徹，也因為這些都屬於個人隱私，自然不可能與他人有太多比較，爸爸媽媽似懂非懂，幾乎沒辦法給孩子一個完全正確的答案。

真心建議各位爸爸媽媽，細讀邱醫師的《成長旅程：一張親

子共乘的單程票，一帖緩解家長擔心焦慮的良方》。

本書作者林口長庚醫院邱巧凡醫師，除了三年的兒科專科醫師訓練之外，還進一步完成了次專科訓練，取得兒童內分泌科與青少年醫學次專科證照。每當我把病人轉介給邱醫師，我都會說：「邱醫師在醫院專門看長太高、長不高、長太胖、養不胖，男生陰莖太短，女生胸部提早發育。」我知道這樣簡短的介紹沒辦法涵蓋邱醫師所有的看診項目，但是在門診當中，家屬擔心的事還真的以上面這些狀況居多。

邱醫師的門診非常難掛號，也因此網路上有在販賣邱醫師門診的黃牛票，我心裡常常想如果邱醫師能夠把腦袋裡的知識寫成一本書，讓更多家長都受惠，那應該可以幫助不少爸爸媽媽。

我的許願成真，邱醫師真的出書了，我要把邱醫師的這本書《成長旅程：一張親子共乘的單程票，一帖緩解家長擔心焦慮的良方》，推薦給全天下的爸爸媽媽。

柚子小兒科診所院長

柚子醫師

每個病童，都是自己的孩子

◎陳怡斌

親愛的老婆出書了！

邱巧凡醫師從取得西醫兒童專科醫師後開始看門診，或許因為視病如親加上兼具中西醫專業，醫院網路掛號就一直額滿，不論是基隆長庚、台北長庚、新北市立土城醫院、林口長庚、新竹東元醫院，即使半夜用網路也很難加掛到一個月後的門診。看診時電話或現場要求加號源源不絕，造成門診護理師不少困擾。

因此，邱醫師決定花時間、用心寫書，希望藉此緩解家長焦慮。我既然不是兒科專業醫師，就以邱醫師「賢內助」的身分，向大家爆料邱醫師的養成過程。

據邱醫師家人及同學的說法，邱醫師從小就是家長口中「別人家的小孩」：沒補習、回家不念書卻總是考全校前幾名，美術、音樂也不落人後。除了高智商 (Intelligence Quotient，IQ)，邱醫師更有超高情商 (Emotional Quotient,

EQ），即使病人再多、再忙再累，臉上總是掛著笑容，從不對病患或護理人員發脾氣，更不會惡言相向。

如此千年不遇的絕世女神，自然有許多人問我當年如何追到邱醫師。記得在2002年，當時邱醫師大學一年級，我為了參選長庚大學中醫學系學生會長，選前遍訪系上大一學弟妹尋求幹部，精通電腦軟體、網際網路的邱醫師獲選為系學生會的網路管理員，兼任「會長夫人」，共同為繁雜的會務、系務努力。

此外，為了全面推廣中西整合醫學，於2006年創立「高中生中西醫學體驗營」，由邱醫師擔任首任總召，今年招收第18屆高中生學員，18年來總計帶著近1800位高中生體驗長庚大學中醫學系雙主修醫學系的課程內容與臨床醫療，期盼讓中西整合醫學的觀念能早日普及。

邱醫師的專業養成過程跟多數醫師一樣：畢業後進入醫學中心訓練西醫兒童專科醫師、接受次專科訓練並順利取得「兒童內分泌科專科醫師」資格，晉升主治醫師後就在醫學中心執行教學、臨床、研究的工作。不同的是，為了推廣兒科中西醫整合醫療，邱醫師出任中醫兒科醫學會秘書長，

預計藉由專科醫學會舉辦中醫師在職教育訓練課程，與中醫師共同探討中西醫整合醫療。此外，邱醫師進入臨床醫學研究所博士班，研究性早熟的中西藥併用。

家庭方面，我們認識十年結婚，婚後兩年、四年迎接女兒、兒子。這幾年我們夫妻倆自己帶兩個小孩，理智線斷了又接、接了又斷，深深體會到為人父母的辛酸與苦楚。因此邱醫師常把病童當作自己的孩子在設想與照顧，對病童們的用心可謂無微不至。

平常省吃儉用的邱醫師最常上網購物的品項是用來鼓勵門診病童們的文具、玩具與禮物，曾經看邱醫師花了極大心思做功課，買內衣給媽媽病逝、單親爸爸獨自照顧的糖尿病初發育小女孩，買連續性血糖監測系統(CGMS)給罹患癌症的糖尿病童，讓這些小朋友得到更適切的醫療照護。

邱醫師用了非常多的時間和心力來寫這本書，期盼能緩解家長的焦慮，並釐清坊間對兒童生長的誤解、避免健康食品與藥物的濫用。

最重要的是，倘若家長看完本書後仍對孩子的生長有疑

慮，建議家長尋求專業「兒童內分泌科專科醫師」診療，才能避免醫師誘發需求（Physician Induced Demand），除了傷了荷包，更擔心影響孩子的健康。

前林口長庚醫院中醫婦科主治醫師

長庚醫院生殖醫學中心中西醫主治醫師

醫學博士／醫師科學家

陳怡如

關於成長，這本書是您最好的選擇 推薦序

◎邱培芳（家長）

孩子的成長是一趟單向旅程，無法折返，一旦啟程，就再也回不去了。

擔任教職多年，常常發現學生當中，總有些在群體中體型明顯和同學不一樣的孩子。有些國、高中男孩卻像小學生一般矮小，嗓音也明顯是稚嫩的童音；有些則是過度肥胖，除了體型圓潤，還隱約可見男性女乳般的胸型。

在察覺到這些孩子可能存在生長發育異常的情形時，我會請家長帶孩子就醫檢查，有些孩子因此發現疾病並獲得改善，有些卻是為時已晚。

我與邱巧凡醫師結緣應該有近十年之久了。

身為兩個男孩的母親，從孩子很小的時候就一直留意他們的生長狀況。兩兄弟在國小階段體型略微圓潤，身高卻有些偏矮，當時便積極尋求專業協助，因而結識邱醫師。經

過完整的評估檢查，邱醫師詳細為我們解說各項指標，確認孩子的生長發育皆在合理範圍內，只需要後天健康生活習慣的配合，並定期追蹤生長趨勢，應可發揮遺傳潛力，順利成長。

邱醫師耐心提醒孩子均衡飲食、規律運動與充足睡眠的重要性，兩兄弟面對醫師親切和藹的叮嚀，回家後自動自發地認真遵從醫囑。此後幾年也定期回診追蹤生長發育狀況，在兩兄弟的努力與邱醫師的仔細把關與照顧之下，目前兩兄弟的身高皆順利突破遺傳身高。

弟弟Jerry在升小六那年的暑假罹患第一型糖尿病，面對這突如其來陌生的疾病，我們雖然感到錯愕，卻沒有過度焦慮，或許是因為我們多年來和邱醫師建立起來的默契與信任感，Jerry和我很快地度過新發病的陣痛期，一起積極學習糖尿病相關知識，並遵從醫療團隊的指導，孩子在飲食與運動方面也能自律，我們很快步上軌道，發病至今近五年，Jerry在邱醫師的持續治療之下，穩健控糖。

一路走來，我們一直努力不讓生病影響Jerry的生活與求學，而邱醫師就是我們最強大的依靠。她除了在醫學專業

上盡心盡力地守護孩子的健康，私底下還對每一位孩子關懷備至。記憶猶新就在去年五月，Jerry參加國中教育會考當天，我們很驚喜地收到邱醫師捎來加油打氣與祝福的簡訊，讓Jerry如虎添翼、信心大增，最後金榜題名，順利考取第一志願。真的很感謝邱醫師多年來持續以專業及熱忱陪伴、鼓勵著孩子成長！Jerry現在也以醫學為目標而努力，希望未來能像邱醫師一樣守護兒童的健康。

兼具教師與母親的雙重身分，讓我一向特別關注孩子的健康問題，對於孩子生長發育的狀況也異常敏銳。在育兒路上，我們身邊往往有熱心的親友，出於好意提供一些似是而非的建議與偏方，所幸有邱醫師的專業解說，幫助我釐清那些偏差的觀念，堅持依循正規的醫療方式，拒絕沒有科學依據的療法。

現在，邱醫師將男孩、女孩從出生到成年各個階段會遇到的問題做系統性的整理，分門別類詳述各種常見問題與解方，不但解答許多父母親心中的疑惑，也破除許多迷思。運用邱醫師兼具中、西醫師，兒童內分泌科醫師的多重專業，結合多年來的臨床經驗，從中醫與西醫雙重觀點，深入淺出地解說，相信是現代每位關注孩子生長的家長們，

人人必備的育兒寶典！

誠懇推薦邱醫師這本《成長旅程：一張親子共乘的單程票，一帖緩解家長擔心焦慮的良方》給所有的爸爸媽媽們與兒童照護者！在孩子成長的旅途中，人人手中都只握有一張單程票，一旦啟程，便一去不復返。希望所有國家未來的主人翁，都能在具有正確育兒知識的照顧者，用心陪伴與關注之下，健康成長！

成長旅途中，出現任何異常與面臨任何困難，都能被及時發現，並正確尋求專業協助，順利解決問題，不留遺憾。這本書會是您最好的選擇！

成長，只有一次！

記憶猶新，2022年3月，有鹿文化張佳雯小姐帶著清秀帥氣的高一兒子到林口長庚醫院就診，主訴寫著常見的「長高」。當我認真地幫孩子做檢查，向媽媽說明，依據年齡、骨齡及各項生長指標，男孩的成長應已進入尾聲。雖然男孩的身高不差，但對多數家長而言，這樣的過程家長往往是聚精會神、引頸期盼、焦急萬分的。

但這位媽媽似乎若有所思，欲言又止。正當我心想，媽媽是否玻璃心碎，想著該如何給這對母子一些正能量時，媽媽脫口而出，說自己來自出版社，當天身負重任，前來邀請我寫一本關於兒童生長發育的書籍。當天的門診情節，至今仍歷歷在目，原來佳雯「醉翁之意不在酒」，而男孩為了完成媽媽的任務，賣命演出，還讓醫師阿姨檢查第二性徵，現在回想起來，依然會心一笑。

近十年的看診經驗讓我深深體會現代家長對於孩子生長發育的關注與擔憂，這年頭帶孩子求診生長門診掛號並不容易，雙薪家庭照顧者與學童請假就診也有難處。而網路消

息似是而非、真假難辨，各種商業行為滲透兒童生長領域，包含保健食品、中西藥品、甚至是標榜專看兒童生長、費用高昂但卻非兒童內分泌專科醫師親自診療的自費診所也如雨後春筍般遍地開花，往往讓爸爸媽媽們無所適從。

時常可見孩子生長發育狀況一切正常，但因為對檢查結果不了解或是錯誤認知，造成家長的過度擔憂，甚至要求不適切的治療。尚有孩子生長發育明顯異常，卻因為缺乏對疾病訊息的警覺，耽誤潛在疾病診斷與治療的黃金時期，因而遺憾終身。

兒童生長發育的異常，常常是長期照護失當或潛在疾病的冰山一角。《黃帝內經》有云「上醫治未病，中醫治欲病，下醫治已病」。我殷切期盼，能在孩子即將走偏，步上疾病歧途之前，能及時提醒家長與孩子步入正軌，阻止、預防疾病的發生。而正確照顧觀念的建立與知識的傳遞皆需要足夠的時間，絕非門診短短數分鐘內可以完成的。

有鑑於此，筆者多次透過參與各縣市政府校護在職教育訓練、校園家長親職教育、公共托育中心與社區衛教活動、醫院病友會等活動，將兒童生長發育異常等相關資訊傳達

給家長、老師、校護等兒童照護者。每一次會後的 Q&A 時間，總有許多家長、老師排隊詢問孩子們的種種狀況與擔心的問題。每一次的講座也都因此揪出幾位生長發育異常的孩童，常見如性早熟、身材矮小、肥胖等，讓這些孩子的問題及時被發現，適當轉介，及早就醫接受治療。

印象最深刻的一次，是在新竹縣東元醫院舉辦的生長講座，一位國小一年級小女孩自己看到講座訊息，主動邀請爸爸媽媽參加，並在講座後發覺自己有性早熟的跡象，後續請爸爸媽媽帶到醫院，接受治療。

這些經驗讓我深深體會：醫學知識的傳達與觀念的建立，應該從小做起，且光靠單打獨鬥是微不足道的。謝謝有鹿文化讓我有機會將自己的專業與臨床經驗彙集成書，將艱澀難懂的醫學知識，以臨床案例搭配生動的插畫，鉤織成淺顯易懂的圖文來呈現，讓阿公阿嬤、爸爸媽媽與小朋友都可以一起親子共讀。

本書分別根據女孩、男孩養成過程中，從胎兒時期到青少年時期，生長發育過程可能面臨的問題，與應該注意的疾病警訊做介紹。再搭配精心設計、方便實用的「寶貝成長

紀錄手冊」，以及「量完就知道要不要看醫生的身高尺」，希望透過完整的成長紀錄，讓照護者與醫療團隊可以更精確地掌握孩子的生長，也將實用的衛教內容分門別類編輯成冊，讓爸爸媽媽與小朋友們能隨時查閱。

「家長與小朋友就診心路歷程分享」章節，透過真實個案的生長歷程，由過來人現身說法，讓即將開啟成長旅程的小朋友或正在十字路口徬徨徘徊的爸爸媽媽們，能有所依循。文末「身高以外的事」篇章，提醒家長關注孩子生長的過程，更重要的是健康生活習慣與人生態度的養成。不應灌輸孩子身高就是一切、矮小就是弱勢的錯誤觀念，也不該一味拿身高給孩子壓力，而忽視孩子的其他優點，應留意無心話語無形中對孩子身心靈與人格發展造成的傷害與衝擊。

「成長，只有一次」。家長與醫療工作者，都應該用更有效率與更正確的方法，陪伴孩子成長。期盼《成長旅程：一張親子共乘的單程票，一帖緩解家長擔心焦慮的良方》能讓每位兒童健康守護者少走冤枉路、少花冤枉錢，開心陪伴孩子共同成長茁壯，一起欣賞成長旅程沿途的美景，徜徉其中；而非披荊斬棘、膽戰心驚、體無完膚地闖過這趟旅程。與讀者共勉之。

目錄

1 ｜ 從出生開始，幫寶貝兒子記錄生長

2 ｜ 家有嬌小兒

3 兒子胖胖的怎麼辦？

4 吾家有子初長成 ── 兒子進入青春期了嗎？

5 | 男孩生殖器常見問題

6 | 男生也會長胸部 —— 男性女乳症

10 | 如何幫助兒子高人一等？

11 | 身高以外的事

12 | 家長與小朋友就診心路歷程分享

從出生開始，
幫寶貝兒子記錄生長

每個男孩都是父母最心愛的寶貝，從出生那一刻，就
希望他能夠長大、長高、長好。

男孩身高，可參考生長曲線圖。若低於第 3 百分位，
或高於第 97 百分位，建議就診「兒童內分泌科」。

男孩體重，可參考 BMI 對照表。若過輕、過重、肥胖，
應就醫評估是否有相關疾病。

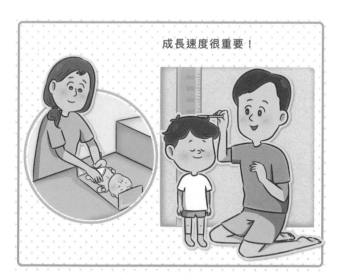

成長速度很重要！

成長是動態的，「生長速度」才能反映孩子的健康狀
態。馬上動手量量寶貝的身高，並做好紀錄吧！

從受精卵形成的那一刻開始，寶寶便一天天地在成長茁壯。媽媽每次的產前檢查，婦產科醫師認真地透過超音波測量寶寶的頭臀長、頭橫徑、腹圍、股骨長度，估算著寶寶目前的體重，判斷寶寶的每一項生長指標，相較於正常相同妊娠週數寶寶的標準，是否有「過猶不及」。這樣仔細地記錄著胎兒的每一項生長指標，主要是因為**胎兒生長指標的異常，常常反映出寶寶健康出現警訊。**

在父母親的悉心照料下，寶寶呱呱墜地，脫離母體，被婦產科醫師抱到新生兒檢查台上，在初步的清潔與生命徵象評估後，護理師便會拿出測量工具，幫寶寶測量頭圍、身長以及體重。

 臨床實境

「把拔馬麻恭喜！寶寶頭好壯壯，體重3200公克，是個健康寶寶喔！」

「小兒科醫師，寶寶足月生產，但出生體重只有1800公克，是低出生體重寶寶，需安排到新生兒病房接受專業醫療照護。」

「小兒科醫師，媽媽妊娠糖尿病，寶寶出生體重4500公克，是巨嬰，合併低血糖，需轉到新生兒病房接受檢查與治療。」

寶寶出生當下的身型、體重大小，攸關著寶寶的健康、整體器官成熟度以及可能伴隨的疾病。寶寶出生後，生長指標的評估也是每一次健兒門診接受預防接種的必評項目。因為，生長指標是否正常，一定程度地反映著個體的健康狀態。

從出生體重看寶寶在胎兒內的成長是否正常：

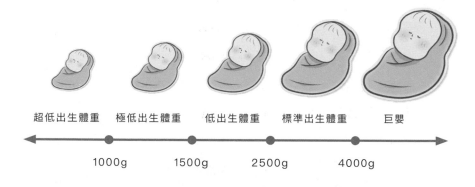

超低出生體重　　極低出生體重　　低出生體重　　標準出生體重　　巨嬰

1000g　　　1500g　　　2500g　　　4000g

出生體重圖

踏出成功的第一步
——正確測量很重要！

各位爸爸、媽媽們若有帶孩子就診「兒童內分泌科成長門診」的經驗，想必一定會對診室內的「專業身高尺」印象深刻！

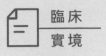
臨床
實境

邱醫師:「小雄,我們診室內再脫鞋子測量一次身高喔!」

媽媽:「剛剛在報到櫃台量過了耶!」

在診室內測量完身高……。

邱醫師:「小雄今天的身高125公分。」

小雄:「可是剛剛外面量是124.3公分耶!媽媽我長高了嗎!?」

上述的故事情節,每一天在每一個生長門診不斷地上演著。一個正確的身高測量必須具備幾個條件,缺一不可:

- 標準而精確的身高測量儀器
- 標準的測量姿勢
- 專業的身高測量人員
- 正確的判讀

標準而精確的身高測量儀器

所謂「工欲善其事,必先利其器」,擁有標準的身高測量工具,是準確測量的第一步,而標準的身高測量器,必須有「精確的尺標」且在使用前應經過「校準」。

兩歲以下嬰幼兒，所使用的標準測量工具為「嬰兒身長計（infantometer）」：

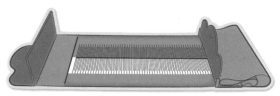

兩歲以上能配合標準站立姿勢之孩童，
則使用「身高測量計（stadiometer）」：

專業的身高測量人員

身高及身長的測量過程，有許多重要的關鍵步驟，關係著測量結果是否精確。受過專業訓練，有豐富經驗的身高測量人員，能在最短的時間，掌握關鍵的測量重點，「快、狠、準」地得到精確的測量結果。

標準的測量姿勢

受測者的姿勢是否標準，大大影響著測量的結果。重要關鍵如下：

- 頭上不宜有任何髮飾或髮妝影響測量
- 眼睛平視正前方
- 不刻意抬頭、低頭
- 不聳肩
- 雙腳併攏、膝蓋打直
- 足跟貼齊牆面

正確的判讀

測量人員應固定好受測者與垂直板,「雙眼平視尺標」,正確判讀尺標數值。

量測出來,
兒子這樣的「身高」正常嗎?

孩子身高、體重是否正常,需參考「生長曲線圖」做判斷。

(備註:《兒童健康手冊》有 0 至 7 歲的身高、體重與頭圍曲線圖可供參考。)

生長曲線圖使用方法

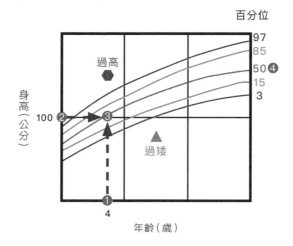

舉例：4 歲 100 公分，對照後為 50 百分位 → 正常

- 橫軸為實際生理年齡（非虛歲，早產兒未滿 2 足歲，要用「矯正年齡」）
- 縱軸為身高、體重或頭圍
- 先找到橫軸孩子的年齡，再往上對到生長指標數值，交叉處描繪出記號
- 看看描繪出來的記號落在哪一條曲線上或範圍內
- 生長曲線圖上畫有第 3、15、50、85、97 等五條百分位曲線
- 若生長指標落在第 3～97 百分位，大致上屬於正常範圍
- 若高於第 97 百分位或低於第 3 百分位，可能有過高、過胖，過矮、過瘦的問題，需就診「兒童內分泌科」

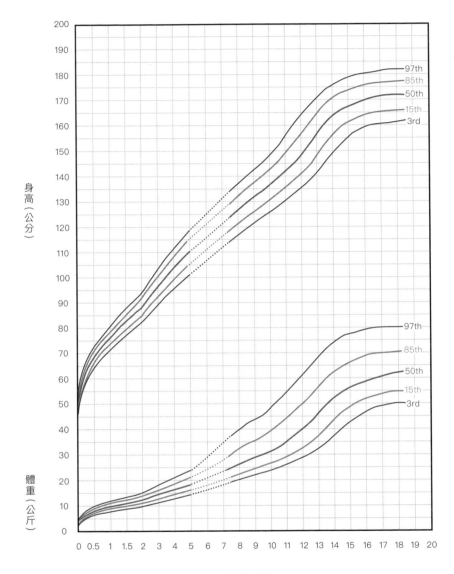

臺灣男孩生長曲線圖

參考自臺灣兒科醫學會網站

量測出來，
兒子這樣的「體重」正常嗎？

兒童體重的判斷，須先認識「身體質量指數（BMI：Body Mass Index）」。

....

- BMI ＝ 體重（公斤）/ 身高（公尺）^{2}

....

兒童青少年的體重是否正常，必須對照BMI在同種族 / 性別 / 年齡的百分位。

BMI 數值若非落在「健康體位」，應就醫評估是否有相關疾病。

定義	BMI數值
過輕（underweight）	BMI＜第5百分位
健康體位（healthy weight）	第5百分位 ≦ BMI＜第85百分位
過重（overweight）	第85百分位 ≦ BMI＜第95百分位
肥胖（obesity）	BMI≧第95百分位
嚴重肥胖（severe obesity）	BMI≧第95百分位×1.2 或 BMI≧35kg/m2

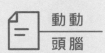

動動
頭腦

邱巧凡醫生黏土作品

一起來幫皮卡丘計算身體質量指數BMI吧！
身高40公分，體重6公斤，BMI？

....

$$BMI= \frac{6}{0.4 \times 0.4} =37.5kg/m2$$

屬於「嚴重肥胖」的寶可夢！

年齡	過輕	正常	過重	肥胖
歲	BMI <	BMI 介於	BMI ≥	BMI ≥
0	11.5	11.5–14.8	14.8	15.8
0.5	15.2	15.2–18.9	18.9	19.9
1	14.8	14.8–18.3	18.3	19.2
1.5	14.2	14.2–17.5	17.5	18.5
2	14.2	14.2–17.4	17.4	18.3
2.5	13.9	13.9–17.2	17.2	18.0
3	13.7	13.7–17.0	17.0	17.8
3.5	13.6	13.6–16.8	16.8	17.7
4	13.4	13.4–16.7	16.7	17.6
4.5	13.3	13.3–16.7	16.7	17.6
5	13.3	13.3–16.7	16.7	17.7
5.5	13.4	13.4–16.7	16.7	18.0
6	13.5	13.5–16.9	16.9	18.5
6.5	13.6	13.6–17.3	17.3	19.2
7	13.8	13.8–17.9	17.9	20.3
7.5	14.0	14.0–18.6	18.6	21.2
8	14.1	14.1–19.0	19.0	21.6
8.5	14.2	14.2–19.3	19.3	22.0

臺灣男孩 BMI 對照表

出處：衛福部國民健康署兒童肥胖防治實證指引

年齡	過輕	正常	過重	肥胖
歲	BMI <	BMI 介於	BMI ≥	BMI ≥
9	14.3	14.3–19.5	19.5	22.3
9.5	14.4	14.4–19.7	19.7	22.5
10	14.5	14.5–20.0	20.0	22.7
10.5	14.6	14.6–20.3	20.3	22.9
11	14.8	14.8–20.7	20.7	23.2
11.5	15.0	15.0–21.0	21.0	23.5
12	15.2	15.2–21.3	21.3	23.9
12.5	15.4	15.4–21.5	21.5	24.2
13	15.7	15.7–21.9	21.9	24.5
13.5	16.0	16.0–22.2	22.2	24.8
14	16.3	16.3–22.5	22.5	25.0
14.5	16.6	16.6–22.7	22.7	25.2
15	16.9	16.9–22.9	22.9	25.4
15.5	17.2	17.2–23.1	23.1	25.5
16	17.4	17.4–23.3	23.3	25.6
16.5	17.6	17.6–23.4	23.4	25.6
17	17.8	17.8–23.5	23.5	25.6
17.5	18.0	18.0–23.6	23.6	25.6

臺灣男孩 BMI 對照表

出處：衛福部國民健康署兒童肥胖防治實證指引

身體質量指數BMI也有生長曲線圖，若BMI數值屬於過輕、過重、肥胖，家長應持續留意，並考慮就醫評估是否有相關疾病。

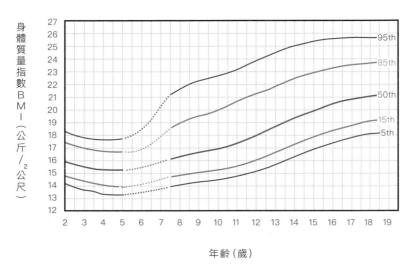

臺灣男孩生長曲線圖

參考自臺灣兒科醫學會網站

兒童的成長是「動態」的過程
── 談生長指標持續監測的重要性！

相信有帶孩子就診兒童內分泌科或成長門診的爸爸媽媽們對一句話一定不陌生，那就是「再追蹤」！

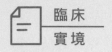
邱醫師:「媽媽,寶貝目前的身高體重都在正常的百分位喔!但還是要注意後續的成長速度,建議3到6個月追蹤成長發育的狀況喔!」

媽媽:「之前的醫生也都只有說再追蹤,什麼都沒有做,也都沒開藥耶⋯⋯」

(三個月後)

孩子回診,經測量半年來只長高0.5公分,且出現多喝、多尿、體重減輕的症狀,經檢查孩子在追蹤過程中罹患第一型糖尿病,進而造成這段時間的生長遲緩。

上述案例告訴我們,一次的生長指標正常,無法代表孩子絕對健康正常。**成長是動態的,「生長速度」絕對比「身高高矮」更能反映孩子的健康狀態。**

邱醫師在門診常告訴家長:「**可以長得矮,但絕對不能『長得慢』!**」而要知道成長速度的快慢,長時間追蹤觀察是絕對必要的條件。

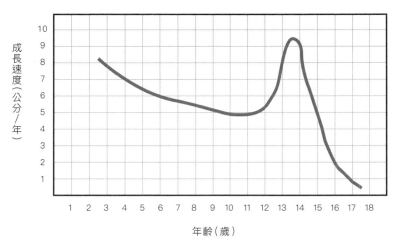

男孩 0-18 歲成長速度曲線圖

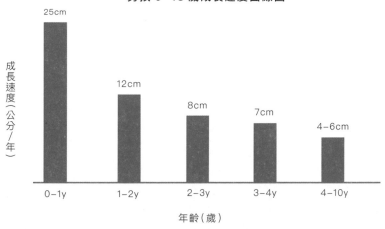

青春期前男孩成長速度參考圖

一般而言，幼兒園至國小男孩青春期開始前，成長速度為「一年4到6公分」。因此，**學齡兒童若成長速度低於一年4公分，有可能孩子的健康亮起紅燈**，家長須特別留意，建議就診「兒童內分泌科」進一步做檢查。

我的兒子以後會長多高
——如何計算「遺傳身高」？

大家一定也很好奇，就診兒童內分泌科門診，為什麼還要詢問爸爸、媽媽的身高，甚至是媽媽的初經年齡、爸爸的青春期年齡？

這是因為孩子的成長與發育，有很大的機會受到爸爸、媽媽的遺傳影響。因此醫師會從爸爸、媽媽青壯年時期的身高，計算孩子的「遺傳身高」做為參考。

....

- 兒子的遺傳身高 $= \dfrac{\text{爸爸身高（cm）}+\text{媽媽身高（cm）}+11}{2}$

....

舉例來說，小雄的爸爸身高170公分，媽媽身高160公分，則小雄的遺傳身高為：

（170 ＋ 160+11）/2 = 170.5公分

各位爸爸、媽媽們，可以趕緊動手算算看寶貝兒子的遺傳身高是多少喔！

補充說明，遺傳身高的計算公式，國際上不同地域、國家略有不同，大致落在：

$$兒子的遺傳身高 = \frac{爸爸身高（cm）+ 媽媽身高（cm）+（11\sim13）}{2}$$

「臺灣衛生福利部中央健康保險署 – 藥品給付規定 2022/10/28 版本」，使用的是「+11」的計算方式。

家有嬌小兒

影響孩子身高表現的因素歸類為五大支柱，分別為：
遺傳、健康、營養、睡眠及運動。

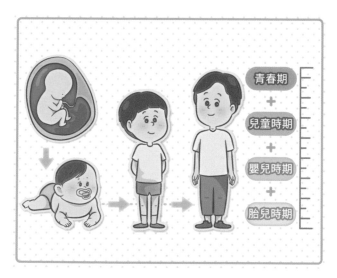

孩子的最終身高是每個階段的生長加總堆疊起來的結
果。每個時期都是成長黃金期。

父母一定要及早對孩子進行生長記錄與掌握，發現成長異常，儘速就醫揪出問題。

發揮生長潛力，先從生活習慣的建立做起，包含營養均衡攝取、睡眠充足、規律運動等好習慣。

從第一章的介紹，相信爸爸媽媽們對於如何測量、記錄寶貝兒子的生長指標已有了初步的認識與了解。當孩子經過客觀的評估方法確實屬於「**身材矮小**」，或者雖然**身高百分位正常但伴隨「生長速度緩慢**」，此時家長應提高警覺，帶孩子就診「兒童內分泌科」，由專業的醫師進一步仔細為孩子做檢查。

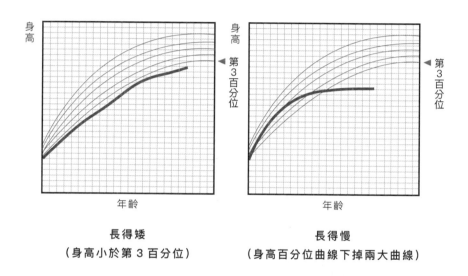

長得矮
（身高小於第 3 百分位）

長得慢
（身高百分位曲線下掉兩大曲線）

究竟多矮才是矮呢？矮小的定義

人群中每個個體的身形大小，呈現「鐘形分布」。大多數的個體體型落在鐘形的中間範圍，兩端過矮與過高的範圍所佔的比例是少的。兩側極端過高、過矮的族群須進一步了解是否有致病因素存在。

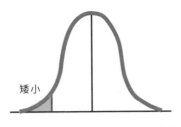

矮小

人類身高分布圖（呈鐘形分布）

因此，國際上對於矮小的定義為身高低於身高曲線圖之「–2個標準差」或低於「第3百分位」。為了方便家長簡易判斷，邱醫師附上臺灣男孩各年齡層第3百分位的身高數值供大家參考，若低於第3百分位之身高數值，建議就診「兒童內分泌科」。

學齡前男孩		國小男孩		國中男孩	
年齡	身高	年級	身高	年級	身高
2歲	低於82公分	一年級	低於107公分	七年級	低於134公分
3歲	低於89公分	二年級	低於110公分	八年級	低於141公分
4歲	低於95公分	三年級	低於116公分	九年級	低於149公分
5歲	低於102公分	四年級	低於120公分		
		五年級	低於125公分		
		六年級	低於130公分		

臺灣男孩身高第 3 百分位對照表

為什麼會矮小？

我們肉眼上看到一個孩子身高的成長其實是由許多細胞、組織參與生長與發育過程的結果。包含「軀幹骨」與「四肢骨」的骨骼生長，其他組織與器官通常也會按比例地長大。而骨頭的生長過程，主要由長骨兩端「生長板」的軟骨細胞不斷地增生、分化成硬骨細胞，造成骨骼增長的結果。因此，導致矮小的原因是「多因素」的。**所有可能參與骨骼生長板軟骨細胞增生、分化過程的因素都會直接或間接地影響生長。**

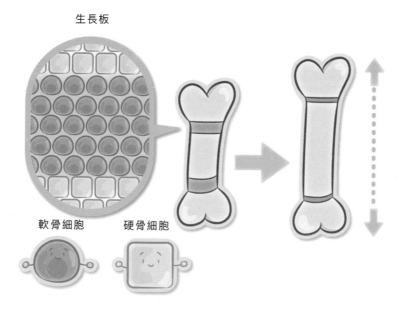

生長板

軟骨細胞　　硬骨細胞

骨骼增長示意圖

邱醫師把影響孩子身高表現的因素歸類為五大支柱，分別為：**遺傳、健康、營養、睡眠及運動**。另外針對個別疾病因素分類整理如下：

遺傳因素	周產期因素	內分泌疾病
● 家族性矮小 ● 體質性生長遲緩	● 懷孕時母胎健康狀態 ● 生產過程是否順利 ● 早產 ● 低出生體重兒 ● 胎兒小於妊娠年齡 ● 子宮內生長遲緩	● 甲狀腺功能低下 ● 生長激素缺乏 ● 庫欣氏症候群 ● 性早熟 ● 性晚熟 ● 糖尿病 ● 偽性副甲狀腺功能低下 ● 佝僂症

慢性系統疾病	染色體異常	特殊症候群
● 過敏性疾病 　（氣喘、異位性皮膚炎、過敏性鼻炎） ● 慢性腎病 　（腎小管酸血症、腎病症候群、慢性腎衰竭） ● 先天性心臟病、慢性肺病、慢性肝病 ● 發炎性腸胃道疾病 ● 自體免疫疾病、免疫缺損疾病 ● 兒童血液疾病與兒童癌症	● 唐氏症 ● Trisomy 13 ● Trisomy 18	● 小胖威利症候群 ● 努南氏症候群 ● SHOX 基因缺陷症候群 ● 羅素–西佛氏症候群 ● 范可尼氏症候群 ● 魯賓斯坦–泰畢氏症候群 ● 骨骼發育不良

後天照顧疏忽與生活習慣問題	特殊治療
● 挑食、營養不良 ● 不當攝取甜食、含糖飲料、加工食品 ● 熬夜、睡眠障礙 ● 缺乏運動 ● 照顧疏忽 ● 兒童虐待	● 類固醇 ● 放射治療

以下將針對幾個重點項目做個別介紹：

家族性矮小

孩子的身高未來能長到多高？「近七成」取決於父母的遺傳條件。正因為如此，在生長門診，醫師都會詢問爸爸、媽媽的身高來做為判斷孩子身高是否正常的依據。**若爸爸、媽媽任何一方身高在成人族群屬於低於第3百分位的條件，孩子在成長過程也依循類似曲線成長，經檢查也沒有任何疾病，雖然矮小，但生長速度正常，就歸類為「家族性矮小」。**

那麼成人身高第3百分位是幾公分呢？ 以下是「臺灣成人身高百分位參考值」，提供各位爸爸、媽媽們參考：

	男生身高（cm）	女生身高（cm）
第3百分位	162	150
第15百分位	166	154
第25百分位	168	156
第50百分位	172	159.5
第75百分位	175	163
第85百分位	177.3	165
第97百分位	182	169

臺灣成人身高百分位對照表

爸媽矮，孩子就註定矮嗎？
只要留意成長關鍵，還是可以高人一等！

然而，父母矮，孩子就註定矮人一截嗎？實際上，就有不少爸爸、媽媽身高不高，但擁有高個頭的孩子；也有不少高挑的父母，孩子卻總是落在3%俱樂部。其實「遺傳」只是影響孩子成長的重要因素之一，若能留意孩子的成長過程，給予適當的關注與協助，孩子突破先天的遺傳限制絕對不是夢想！

臨床
實境

門診常見爸爸媽媽們的疑問：

「我和先生都不高，我的孩子是不是就註定長不高？」

「我和太太明明很高，為什麼我的孩子會這麼矮？」

「遺傳是能夠克服的嗎？ 我們該怎麼做才能讓孩子順利長高呢？」

孩子的最終身高是每個成長階段逐步累積的成果

「儘管遺傳佔了孩子身高七成的影響力，遺傳決定的是孩子的成長潛力，而潛力能不能充分發揮，與成長過程中孩子的生理、心理是否健康？營養攝取是否充足適當、睡眠時間與品質是否正確充足、是否養成規律運動的好習慣等等因素息息相關。」「爸爸媽媽矮，孩子未必就註定矮人一截，兒童的生長，後天因素佔30%的影響力，聽起來雖然不多，但這30%的後天影響力，卻足以讓孩子最終身高差距將近15公分！」

坊間常聚焦於要把握孩子的黃金成長期，才能讓孩子順利抽高。邱醫師認為，「兒童的成長過程其實相當漫長，從受精卵形成到長大成人的過程，會經歷好幾個階段，分別是受精卵形成到出生前的胎兒時期、呱呱墜地到一足歲的嬰兒時期、一歲到學齡前的幼兒時期、學齡至出現第二性徵前的兒童時期及開始出現第二性徵後的青春期。**每一個階段孩子的成長，都會貢獻在未來的成人身高，換句話說，孩子的最終身高是每個階段的生長加總堆疊起來的結果。**」

一般民眾多會誤以為在孩子的成長階段裡，青春期最重要？

其實不然！「以身高貢獻度來說，胎兒時期就佔了30％，出生到一足歲佔15％，至於最漫長的兒童時期，長達八至十年，這整個階段所長的身高在未來成人身高中足足佔了40％的之多，而多數人認為最重要的青春期，其實只佔了15％。」

「**每個時期都是成長黃金期！** 身高是一點一滴累積下來的結果，千萬別輕忽孩子在每一個階段的成長，對於成長的關注與努力要從小奠定基礎，而不是到了最後衝刺的青春期才發現孩子早已遠遠落後，後續身高追趕不及，留下成人身高不理想的終生遺憾！」

及早發現成長異常 儘速就醫揪出問題

孩子的成長過程，每個階段都一樣重要！爸爸、媽媽如何在孩子成長過程及早發現孩子的生長異常，並及時就醫，是兒童內分泌科醫師一直在努力宣導的重點！「生長曲線百分位、生長速率與青春期開始的時間是家長關注孩子生長是否正常的三大重點！」

● 生長曲線百分位

若孩子身高或體重小於第3百分位，請務必帶孩子就診兒童內分泌科，評估矮小的原因，特別是會導致矮小的疾病，應及早診斷、及早治療！

● 生長速率

「孩子的生長不應該有空窗期！」「生長速率慢下來，是疾病警訊，當孩子一年長不到4公分，也請務必就醫！」

● 青春期開始的時間

現在性早熟的孩子越來越多，家長們一定要留意孩子第二性徵出現的時間，男孩如果9歲以前出現睪丸變大、陰莖長大、生殖器色澤變深、長陰毛、長腋毛、變聲及長喉結，就屬於「性早熟」。反之若男孩超過14歲仍未出現任何第二性徵，則屬於「性晚熟」。性早熟與性晚熟對兒童的生長也都有相當大的影響，有以上情形，請務必帶孩子就診兒童內分泌科，以及時正確診斷，把握黃金治療期。

● 與手足的身高差

不少父母對於如何判斷孩子的生長是否正常感到困惑，邱

醫師建議除了前述三個重點之外，觀察孩子與親兄弟姊妹間的身高差距也是一個方法，不管是身高被弟妹追上或超越，「建議手足都一起帶往就診給醫師評估，因為相同父母的手足身高通常不會有太大落差。」

從生活習慣落實與建立，
為孩子做好身高管理有助發揮後天成長潛力

及早對孩子進行生長記錄與掌握，有機會突破先天遺傳限制，讓孩子青出於藍更勝於藍。首先應從生活習慣的建立做起，包含營養均衡攝取、睡眠充足、規律運動等好習慣，應從小養成。「睡前一個小時盡量不要進食會讓血糖顯著上升的食物，同時也要避免食用含糖飲料與精緻澱粉，水果也不宜過量攝取，因為血糖上升是會抑制生長激素分泌的。」

孩子的身高可說是「七分天註定，三分靠打拚」，遺傳不是百分百，掌握成長關鍵，腳踏實地堅持下去，還是有機會逆轉勝，讓孩子高人一等！

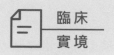

小明自幼在同齡都是嬌小的,明明爸爸、媽媽的身高都不差。爸媽帶著到處就診,醫師檢查都說「健康正常」,只有「骨齡落後」,「再追蹤」就好。

到了國中一年級,眼看同學們各個都突飛猛進,甚至達到成人身高,小明幾乎成了全班最嬌小的孩子了!媽媽越看越著急!

一年後,小明開始出現第二性徵,身高也漸入佳境,逐漸超越同學,高中時小明已成為全班第二高的男孩子。

體質性生長遲緩

另外有一類孩子也是生長門診常見的族群,那就是「體質性生長遲緩」,俗稱「大器晚成 (late bloomers)」或閩南話的「大隻雞晚啼」。

相信上面的案例,許多家長看了都感到「於我心有戚戚焉」。在最後孩子長到理想成人身高,家長鬆了一口氣,感到恍然大悟、發出會心一笑前,想必都經歷過十幾年來煎熬、恐慌、忐忑不安的心路歷程。

「體質性生長遲緩」的特點，包含：

....

- 青春期開始的時間較其他孩子晚

- 骨齡落後於生理年齡

- 生長速度正常

- 有晚熟的家族史

....

由於進入青春期的時間較晚，因此在同學陸續進入青春期
的國小高年級與國中階段，體質性生長遲緩的孩子仍然以
青春期前的正常速度「相對緩慢地成長」，此時會跟青春
期的同學間身高差距漸行漸遠。也因為骨齡是落後（年輕）
的，往往有比其他孩子更多的時間可以成長，青春期開始
後一樣能達到青春期的成長速度，最終仍然可以長到合理
的遺傳身高條件。

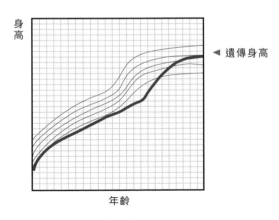

體質性生長遲緩生長曲線圖

生長激素缺乏症

生長激素是參與骨骼生長最重要的一個荷爾蒙，由腦垂體前葉所分泌，在下視丘的調控下，呈現「脈衝式分泌」，尤其在夜間睡眠熟睡期（慢波期），達到分泌的高峰期。而此時期的生長激素分泌量足足佔了一整天分泌量的七成之多！這就是為什麼在生長門診醫師總是耳提面命「早睡」的重要性所在。閩南話「一眠大一吋」，正是因為老祖宗觀察到**「睡得早、睡得飽、睡得好」的孩子總是長得特別好**，進而衍生出來，千古流傳的一句諺語。

一旦生長激素分泌不足，孩子的身高便會長得又「矮」又「慢」。生長激素缺乏的小朋友，除了身材「明顯矮小」之外，有時還會合併其他症狀與特徵，例如在嬰兒時期會合併低血糖、延遲性黃疸、餵食困難。男嬰可能出現陰莖短小、隱睪症或尿道下裂等外生殖器異常。在**外觀上可能出現前額凸出、顴骨發育不良、鼻梁塌陷以及幼稚的臉龐等特徵。**

骨齡的檢查可發現生長激素缺乏症的孩子，骨齡常比生理年齡落後至少1.5年以上。抽血檢驗可發現，血中「類胰島素生長因子IGF-1（Insulin-like growth factor -1）」與

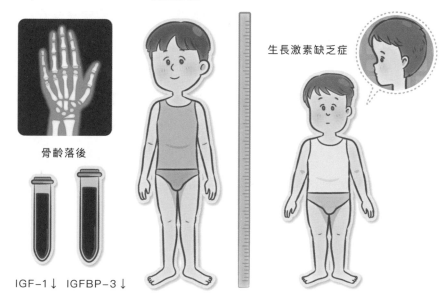

健康男孩

生長激素缺乏症

骨齡落後

IGF-1↓ IGFBP-3↓

同齡男孩

生長激素缺乏症特徵

「血清類胰島素生長結合蛋白-3(IGFBP-3,Insulin-like growth factor-binding protein 3)」的數值偏低。

進一步執行「生長激素刺激測驗」,亦發現即使給予明顯可刺激生長激素分泌之藥物,生長激素缺乏症的孩子血中生長激素濃度仍然無動於衷。

在確定診斷「生長激素缺乏症」之後，接下來醫師會安排「腦部核磁共振檢查」，進一步釐清製造生長激素的腦垂體與附近結構是否有異常。

治療方式是**生長激素補充治療**，生長激素的給藥途徑是皮下注射，目前常規使用為**每日睡前注射一次**。每週注射一次的長效生長激素目前已有多家藥廠研發並在臨床試驗中，美國FDA已核准部分產品使用，未來將在臺灣上市使用。

甲狀腺功能低下

甲狀腺是位在頸部中間正前方，甲狀軟骨下方的一個蝴蝶樣內分泌腺體，在下視丘與腦垂體的調控下製造並分泌甲狀腺素。甲狀腺素的功能為參與全身的新陳代謝，當甲狀腺素不足，全身代謝將出現異常。

在新生兒可能出現嗜睡、食慾差、延遲性黃疸、囟門閉合延遲、生長遲緩、便祕、浮腫、低體溫、心跳慢、低血壓、皮膚乾冷，並因肌肉張力低而呈現大舌頭與臍疝氣。由於新生兒篩檢的普及，現在大多數的先天性甲狀腺功能低下都能被及時診斷、及時治療。早年未能及時治療的個案，長大將成為「呆小症」，除了矮小之外還會伴隨智能障礙。

兒童時期出現甲狀腺功能低下，會表現為精神活動力差、嗜睡、生長遲緩、黃疸、水腫、便祕、體重增加。

若孩子生長速度緩慢合併上述症狀，就醫時請務必告知醫師，醫師將安排甲狀腺功能低下之相關檢查，包含抽血檢測甲狀腺刺激素與甲狀腺素的血中濃度，若懷疑自體免疫疾病，還會檢測甲狀腺抗體。治療方式為**甲狀腺素補充療法**，若能及早發現及早治療，孩子一樣可以聰明、健康成長茁壯。

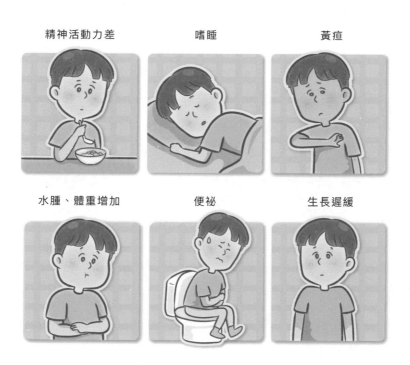

兒童時期甲狀腺功能低下之症狀

胎兒小於妊娠年齡

胎兒小於妊娠年齡(Small for gestational age, SGA)泛指新生兒的出生體重或身長低於該週數新生兒之「−2個標準差值」。例如：懷孕妊娠週數39週出生的新生兒，出生體重只有1200克。

造成「胎兒小於妊娠年齡」可能的原因包含懷孕時母體的營養不良、胎盤血流供應不良、遺傳及表觀基因影響等。常常在孕期產檢過程便會發現有子宮內胎兒生長遲滯(intrauterine growth retardation)的現象。

大部分(85～90%)「胎兒小於妊娠年齡」的寶寶可在2歲前達到自發性的追趕性生長(catch-up growth)，身高逐漸追上其他同齡孩子。在一些出生週數相對較早產的「胎兒小於妊娠年齡」寶寶(妊娠週數小於29週)，直到2～4歲才達到追趕性生長。

然而，少部分(10～15%)「胎兒小於妊娠年齡」的寶寶就沒有這麼幸運。他們無法自發性達成追趕性生長，而持續的身材矮小。除了矮小之外，還因為代謝功能異常，在幼年即發生體重快速增加，成為肥胖兒童。進而因內臟脂肪

增加，併發高膽固醇血症、第二型糖尿病甚至在青壯年時期即發生心血管疾病。另外，這些孩子也是性早熟、骨齡快速進展的相對高危險群。

這些無法在四歲前自發性達成追趕性生長的「胎兒小於妊娠年齡」寶寶，常常存在「生長激素－類胰島素生長因子(IGF-1)軸」功能異常，有一部分存在生長激素分泌不足，也有一部分表現為生長激素阻抗，兩者皆會導致生長遲滯。

當孩子發生上述狀況，應先就診兒童內分泌科，由醫師透過專業檢查，評估這些孩子生長遲滯背後存在的病理因素，方能對症下藥。生長激素治療經證實，對於無法發生自發性達成追趕性生長的「胎兒小於妊娠年齡」兒童確實可以改善其身高預後，因此在歐洲與美國是被核准使用的。

生長激素使用適應症： 「胎兒小於妊娠年齡」且無法達到追趕性生長			
國家	核准機構	開始核准年度	適用年齡
美國	食品藥物管理局 FDA	2001年	2歲
歐盟	歐洲藥物檢驗局 EMA	2003年	4歲

佝僂症

佝僂症（Rickets）是一個發生在兒童、青少年生長板尚未閉合前，骨骼基質礦物質化不良而導致骨骼軟化、關節變寬的疾病。

致病原因為骨骼基質礦物質化所需之營養素鈣、磷、維他命 D 的缺乏。而這些營養素缺乏的原因包含源頭攝取不足造成的「營養性佝僂症」，有基因變異導致腎小管磷流失的「遺傳性低磷性佝僂症」，也有其他疾病所致之「次發性佝僂症」（如肝臟疾病、腎臟疾病、藥物、腫瘤等）。

當骨骼基質礦物質化功能不良時，孩子會出現以下症狀：

- 頭顱骨異常：前額突出、囟門延遲閉合、顱骨軟化
- 肋骨異常：串珠樣肋骨
- 四肢骨骼異常：關節腫大、O 型腿、X 型腿等
- 身材矮小
- 牙齒發育不良
- 慢性骨骼疼痛

除了骨骼病變之外，一歲前嚴重低血鈣的孩子甚至會以痙攣、抽搐來表現。

當醫師觀察到孩子有以上表現時，會幫孩子安排血液檢驗，評估血中鈣、磷、維他命D濃度以及相關的生化指數，如肝功能、腎功能、副甲狀腺素、血清鹼性磷酸酶等。另外也會安排骨骼的X光檢查，看是否有生長板病變。

治療方法為針對所缺乏的骨骼礦物質化營養元素來做適當的補充。

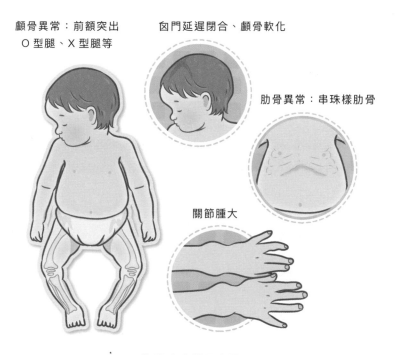

顱骨異常：前額突出
O型腿、X型腿等

囟門延遲閉合、顱骨軟化

肋骨異常：串珠樣肋骨

關節腫大

佝僂症症狀示意圖

慢性系統性疾病

營養與熱量是孩子成長的必要條件，就好像引擎車要加油、電動車要充電才跑得動一樣。當孩子本身消耗的熱量需求增加或是攝入之熱量不足，造成整體熱量平衡呈現「入不敷出」的狀況，便會間接影響兒童的生長。所以，幾乎所有嚴重慢性系統性疾病都會影響兒童的生長。

舉凡嚴重的心臟疾病、慢性腎病、慢性肝病、氣喘、慢性肺病、發炎性腸道疾病、風濕免疫疾病、血液腫瘤疾病等都會造成孩子生長遲緩。

因此，醫師在面對矮小的孩子，往往需要多系統的評估，抽絲剝繭才能揪出導致矮小的真正兇手，對症治療。

心理社會性身材矮小（psychosocial short stature）

還有一群孩子長不高的原因是來自心理剝奪（psychologic deprivation）。常見於父母離異、家庭成員複雜、家庭暴力、兒童虐待或照顧疏忽的孩子。

孩子在該壓力環境下除了生長遲緩之外，還可能表現出多

食多飲、囤積和偷竊食物、狼吞虎嚥、嘔吐、情緒低落、社交孤僻、性晚熟等行為及症狀。

檢查可發現這些兒童會暫時出現內分泌功能障礙,包括生長激素減少和對外源性生長激素的反應不敏感。若將兒童帶離此不利的壓力環境後,其內分泌功能往往能快速改善並伴隨後續的快速生長及青春期發育。

心理社會性身材矮小的兒童,預後取決於診斷時的年齡和心理創傷的程度。早期診斷並帶離該問題環境者有較好的生長與生、心理健康預後。相反地,在年齡較大或青春期才被診斷出來的孩子往往無法達到其遺傳身高潛力,後續的心理健康與社交行為能力也常常有較差的預後。

不良生活習慣

其實有很大一部分的孩子,矮小的原因並非遺傳條件不好,經過一段時間的觀察與檢查發現孩子也沒有生病。但仔細了解其生活型態,發現孩子往往存在許多不利於生長的生活習慣,常見如熬夜、挑食、愛吃甜食、垃圾食物、含糖飲料、缺乏運動等。

許多家長、孩子在了解這些問題對生長影響的重要性後，努力做了調整後，往往可以明顯察覺到生長速度的大幅改善。成人身高是從小到大，每一個階段成長累積下來的總和，孩子長不高，除了應及時就醫之外，別忘了審視孩子的生活型態是否健康，越小開始培養健康的生活習慣，對身高的投資報酬率越高唷！

看醫生前我可以先做好哪些準備呢？

若男孩因為矮小問題需要就醫，爸爸媽媽們可以事先做好哪些準備呢？

- 兒童健康手冊：可讓醫師了解孩子的出生狀況是否正常（寶寶是否有早產、低出生體重，生產過程是否有異常狀況等重要資訊）。

每位在臺灣出生的新生兒，從出生醫院出院時都會拿到一本《兒童健康手冊》。裡頭記錄：❶ 寶寶出生時的資料，包含懷孕週數、預產期、出生體重、身長、頭圍、生產方式，以及出生時的 Apgar 分數；❷ 每次預防接種時的生長紀錄與 7 歲前的生長曲線圖紀錄。

● 入學後每學期的身高、體重紀錄，可讓醫師了解孩子長時間的生長速度與生長趨勢。此資料，可由以下管道取得：

(1) 向學校「健康中心」校護告知要就診生長門診，列印「健康紀錄卡」。

學生健康檢查紀錄卡

國民小學：校名 _____　　　　　　學號：_____

學生基本資料	入學日期	年　　月		轉入日期		年　　月　　日		姓名			
	出生日期	年　月　日		血型		性別		身份證字號			
	地址										
	緊急聯絡人	關係		姓名		電話(公)		電話(私)		行動電話	

生長發育	年級項目	一		二		三		四		五		六	
		上	下	上	下	上	下	上	下	上	下	上	下
	身高(公分)												
	身高評價												
	體重(公斤)												
	體位評價												

（2）部分學校有學童專屬的「健康護照」，也有此紀錄內容。

（3）「教育部體育署體適能網站」內有「網路健康體育護照」，登入後點選「成長軌跡」，可看到學校的身高體重測量紀錄軌跡。

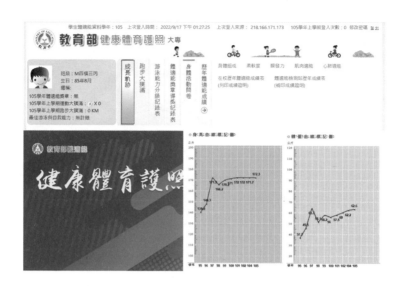

（4）部分縣市政府教育局的app可以查詢孩子每學期的成長紀錄，如新北市政府的「新北校園通」app，當中「寶貝i健康」選單，可讓醫師了解孩子長時間的生長速度與生長趨勢。

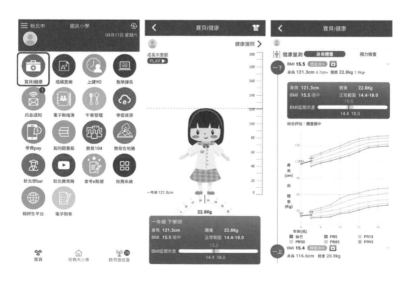

- 爸爸、媽媽、兄弟姊妹的身高、體重、發育的時間（媽媽、姊妹初經年齡等），可讓醫師了解孩子的生長發育遺傳趨勢。

- 孩子成長過程是否有過慢性疾病、住院、手術等過去病史，是否做過特殊治療（如化學治療、放射治療）？目前是否有在服用任何的藥物（包含中藥、西藥）以及保健食品等，可讓醫師了解孩子本身是否存在會影響生長的相關疾病與藥物。

- 媽媽在懷孕時是否曾做過羊膜穿刺檢查、絨毛取樣術、非侵入性胎兒染色體基因檢測（Non-Invasive Prenatal Screening, NIPS）？結果是否有異常，可讓醫師了解孩子是否有特定染色體或基因異常疾病。

- 孩子目前是否有任何不適症狀？如頭痛、腹痛、嘔吐、食慾不振、癲癇、體重減輕、多喝、多尿等，可讓醫師鑑別影響孩子生長的可能疾病。

- 孩子平時生活作息是否正常規律？睡眠時間（幾點入睡？幾點起床？睡眠品質如何？）、飲食型態（外食、自己烹調、挑食、食慾不振、暴飲暴食、是否喜歡食用高

熱量食物、精緻澱粉、垃圾食物、含糖飲料等）、是否有規律運動的習慣、每日3C產品使用時間？可讓醫師了解可能影響孩子生長的生活習慣因素。

- 孩子的主要照顧者、家庭成員相處狀況。主要照顧者，如父母、祖父母、保母、托育中心、其他人員等；家庭成員相處狀況：父母是否分居、離異？同居成員？可讓醫師了解可能影響孩子生長的家庭環境、照護因素。

- 向孩子說明需要就醫的原因及可能接受哪些檢查。讓孩子先有心理準備，避免孩子因不了解而造成的擔憂與害怕。

- 若曾就診生長門診，接受過相關評估、檢查與治療，請務必讓醫師知情，讓醫師更快掌握孩子的狀況，避免重複安排相關檢查或因不知情孩子已在接受相關治療而影響判斷結果。

醫生可能安排哪些檢查呢？

由於造成兒童身材矮小的因素相當廣泛，當醫師在面對一個因矮小求診的孩子，會考慮的因素相當多，也會根據每個孩子的不同情況而可能安排不盡相同的檢查項目。

身體理學檢查

除了完整的病史詢問、生長指標評估、了解生長趨勢之外，醫師會對孩子進行「身體理學檢查」。中、西醫師在身體理學檢查會執行的內容包含：

頭部 ————————
是否囟門過早過晚閉合、頭圍大小、顱骨軟化

脊椎 ————————
是否有駝背、側彎

四肢 ————————
是否有關節變形、骨折、手指腳趾畸形、肘外翻、O型腿、X型腿、長短腳

皮膚 ————————
是否有出血點、瘀青、特殊色素沉積、斑點

臉部 ————————
是否有五官異常、面色異常、牙齒發育異常

頸部 ————————
是否有甲狀腺腫、淋巴結腫、蹼狀頸

胸部 ————————
是否有雞胸、漏斗胸、乳頭間距寬、水牛肩、心雜音、呼吸音異常、肋骨串珠突起、男性女乳症

腹部 ————————
是否有腹部腫塊、局部壓痛、肥胖紋、聽診腸蠕動與特殊血流音

陰部 ————————
是否有生殖器異常（隱睪、陰莖短小、尿道下裂、疝氣等）、青春期發育成熟度

矮小男孩西醫理學檢查重點

除了前述西醫理學檢查重點，中醫辯證尚著重以下項目：

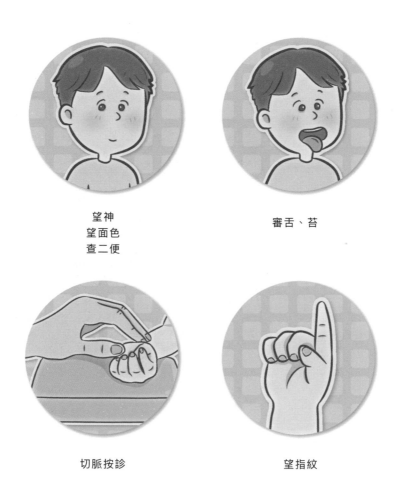

望神
望面色
查二便

審舌、苔

切脈按診

望指紋

中醫小兒四診重點

骨齡檢查

「骨齡 (Bone age)」即「骨骼的年齡」，是一種由左手手掌與手腕的骨骼影像，推測全身骨骼成熟度的一種方法。骨齡的檢查方法為：將左手手掌平放在檢查台，照射低輻射劑量 X 光，取得清晰的手掌、手腕與遠端尺骨、橈骨影像，再由兒童內分泌科醫師做專業判讀。

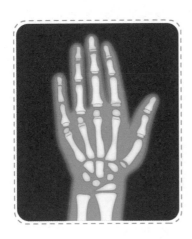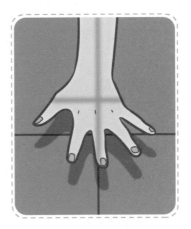

骨齡檢查示意圖

實驗室檢查(血液、尿液)

醫師會針對病史、身體理學檢查、骨齡等結果,做初步的鑑別診斷,判斷可能的疾病診斷方向,再針對可能的疾病診斷進行實驗室檢查做進一步佐證,包含血液檢驗:視情況檢測甲狀腺功能、生長因子、血糖、電解質、血液酸鹼值、血球檢驗、肝腎功能、特定營養元素、染色體檢查、特定基因檢查等。

另外還有尿液檢驗:檢測尿液比重、尿糖、尿蛋白、尿潛血、酮體等項目。

影像檢查

部分孩子醫師懷疑特定疾病的矮小,可能還會進一步執行其他影像學檢查,如超音波檢查、核磁共振檢查等。

內分泌測驗

在懷疑特定內分泌疾病的孩子,如性早熟、性晚熟、生長激素缺乏症、糖尿病、腦垂體功能低下、庫欣氏症候群等,兒童內分泌科醫師還會安排相關內分泌刺激測驗做進一步診斷。

兒子胖胖的怎麼辦？

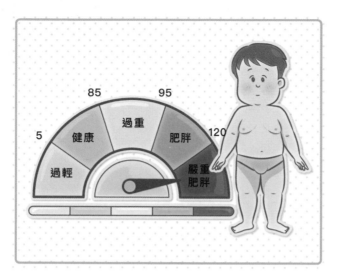

肥胖防治應從小做起，兩歲以上兒童，BMI 值若超過 95 百分位時，即為肥胖，應就醫檢查。

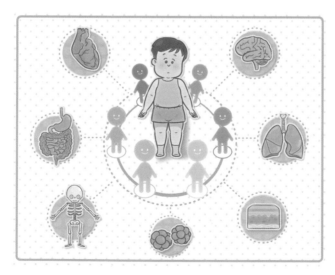

肥胖的併發症，遍及心血管、內分泌、肝膽腸胃、呼吸、皮膚、骨骼等系統，甚至影響心理，提高罹癌風險！

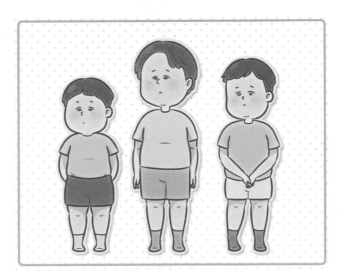

小時候胖就是胖！小時候胖，是未來長大後生病的詛
咒！所以體重管理，應該從小做起！

健康的生活習慣、充足睡眠、均衡飲食、規律運動，
才是奠定孩子「好體質」的一切根本！

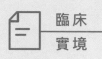

小凱在5歲時接受國小入學前的預防接種時,醫師告知家長,小凱有過胖的問題,應該進一步就診兒童內分泌科做檢查。轉診到兒童內分泌科時,醫師經過完整檢查評估,發現小凱是因為長期過量攝取含糖飲料與垃圾食物,加上熬夜、缺乏運動、3C使用時間過長等不良生活習慣造成的肥胖,初診當下尚未出現肥胖併發症。邱醫師建議先從生活習慣改變做起,做好體重管理並定期回診追蹤小凱的後續控制狀況。

然而,後來因為小凱父母親工作忙碌、搬家等因素,小凱沒再定期回診,父母親也沒再特別留意孩子的體重變化,5年後一次嚴重的皮膚黴菌感染問題與頸部黑色素沉積就診皮膚科,皮膚科醫師提醒應注意糖尿病,再度被轉診回兒童內分泌科。

事隔5年,再度回診,邱醫師發現,5年來小凱足足增加了53公斤體重,小學四年級的小凱,身高140公分,體重卻高達86公斤,頸部明顯的黑色棘皮症,會陰部反覆的黴菌感染,且近日來頻頻喝水與小便,檢查發現糖化血色素竟高達13%,空腹血糖也高達280mg/dL,確診為第二型糖尿病。除此之外,小凱還合併高膽固醇血症、高尿酸血症、中度脂肪肝、肝功能異常、睡眠呼吸中止症候群等諸多肥胖併發症。

類似小凱這樣「疏忽小時候胖」而導致「青少年胖到生病」的案例，近幾年有日益增加的趨勢。

世界衛生組織明確指出「肥胖是一種慢性病」，且「肥胖為萬病淵藪」。而「兒童青少年時期的肥胖幾乎決定了未來體重增加的趨勢」。

許多求診兒童內分泌科或成長門診的家長，往往最初就診原因是擔心孩子的身高、發育、骨齡超前等問題，就診後經醫師評估告知，才驚覺孩子有體重過重或肥胖的問題，且常常已經出現肥胖併發症。若不及時處理，這些小胖胖往往到青壯年時期便出現多重且嚴重的肥胖併發症，如代謝症候群、心血管疾病、甚至癌症，造成國家、社會、家庭沉重的負擔與壓力。因此邱醫師認為**肥胖防治應該從小做起，刻不容緩！**

究竟多胖才是胖呢？ 兒童過重與肥胖的定義

肥胖泛指「體內脂肪過度累積」。兒童與青少年是否肥胖，不同年齡層，有不同的判斷依據。

國際上建議，兩歲以下的嬰幼兒，肥胖的判斷依據是世界衛生組織公布的「體重身高比（weight-for-height）」曲線圖，大於97.7百分位即符合肥胖診斷。但目前沒有臺灣專屬的嬰幼兒體重身高比標準值可供參考使用。

兩歲以上的兒童青少年，過重與肥胖的判斷會根據「身體質量指數（Body mass index, BMI）」的百分位（請參考本書第一章之臺灣BMI對照表）。當BMI值落在第85至95百分位之間定義為過重（overweight），當BMI值大於第95百分位時，診斷為肥胖（obesity）。

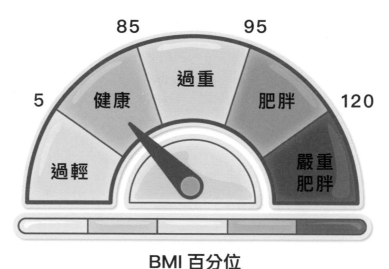

兒童青少年以 BMI 百分位做為體位是否正常之判斷依據

動手算算看寶貝兒子的BMI是否正常。

動動
頭腦

小城今年7歲，身高 125 公分，體重 30 公斤。

小城的身體質量指數 BMI 為：

$30/1.25 \times 1.25 = 19.2$ （公斤 / 公尺^2）

臺灣男孩 BMI 對照表：7 歲男孩 BMI「19.2」落在「過重」。

小城屬於過重男孩。

爲什麼會肥胖？

導致肥胖的原因有許多面向，包含不良生活習慣、遺傳、基因變異、疾病與藥物等。

環境因素與不良生活習慣

現代的兒童與青少年，多數不可避免的生活在「致胖環境」(obesogenic environment) 中。隨著生活環境變得富裕、飲食西化、精緻化，速食、餐飲外送平台的普及化，民眾取得食物相對容易許多。撥通電話、滑滑手機，餐點便送

到自家門前。不像遠古時代的人類，常常需要親自外出狩獵、耕種、鑽木取火，再自行料理烹煮，才能飽食一餐。

生活便利化也大大減少民眾的活動量，大眾運輸、個人化交通工具的普及，3C產品、網路、媒體的使用時間大幅增加，造成靜態活動量遠遠大於動態活動量。

如此長期熱量輕鬆由口而入，但卻消耗不足的失衡狀態，終將造成熱量累積，日益肥胖的後果。

遺傳

臨床上常常可以觀察到，肥胖的兒童背後常常也有肥胖的父母或兄弟姊妹，這是不是代表肥胖是一個遺傳疾病呢？

肥胖是一個多基因因素（Polygenic factors）的疾病，因此遺傳因素確實佔了一部分的角色，表觀基因學（Epigenetic）的研究發現，環境因素可以影響基因的表現。因此，**遺傳因素＋後天環境因素＋不良生活習慣影響是目前公認肥胖最主要的原因。**

根據2022年7月刊登在《美國流行病學雜誌》（*American*

Journal of Epidemiology），一項有趣的研究，探討父母親肥胖與孩子肥胖之間的關聯性。從美國 3,284 位年輕世代的長期觀察研究發現，肥胖父母親的孩子平均在 6 歲開始出現過重的體格，而正常體格父母的孩子平均到 25 歲開始出現過重的現象。由此得知，肥胖家長的孩子比正常體格家長的孩子平均提前 19 年開始出現過重的問題。

其他致胖因子

其他導致肥胖的危險因子還包含：母親懷孕前體重過重、懷孕時體重增加過多、新生兒出生體重過重、母親懷孕時有妊娠糖尿病、母親懷孕時抽菸或接觸二手菸等。

部分研究也指出母乳哺餵可以減低兒童時期過重與肥胖的風險。

因此，**預防兒童肥胖應從優生計畫做起！**包含避免本身抽菸或接觸二手菸、定期產檢、做好孕期體重管理與血糖管理，都可以預防下一代的肥胖與後續將衍生的健康疑慮。

懷孕期間體重增加幅度以整個孕期增加 10 至 14 公斤為宜，並依孕前體重做適當調整如下表：

單胞胎懷孕婦懷孕前的身體質量指數（BMI）	建議增重量（公斤）	第二期和第三期每週增加重量（公斤 / 週）
<18.5	12.5 ～ 18	0.5
18.5 ～ 24.9	11.5 ～ 16	0.5
25.0 ～ 29.9	7 ～ 11.5	0.3
>30.0	5 ～ 9	0.25

雙胞胎懷孕婦懷孕前的身體質量指數（BMI）	建議增重量（公斤）
18.5 ～ 24.9	16.8 ～ 24.5
25.0 ～ 29.9	14.1 ～ 22.7
>30.0	11.4 ～ 19.1

孕期體重增加指引

出處：衛生福利部國民健康署孕婦衛教手冊（112 年 4 月版）

基因變異

有極少數兒童肥胖是因為特殊基因變異或特殊症候群所導致。

肥胖症候群	肥胖基因變異
● 唐氏症 ● 小胖威力症後群 ● Bardet-Biedl 氏症候群	● *FTO* 基因變異 ● *MC4R* 基因缺陷 ● *Leptin* 基因缺陷或 *Leptin* 受器缺陷 ● *POMC* 基因變異 ● *GNAS* 基因變異

五歲以下的兒童肥胖或極度肥胖，或合併特殊症候群的表徵（如發展遲緩、智能障礙、聽力障礙、嬰幼兒時期低張力、嬰幼兒時期餵食困難等），建議就診大醫院兒童內分泌科或遺傳代謝科，醫師可能會安排相關的基因檢查。

疾病：內分泌疾病

大家普遍把肥胖跟「內分泌失調」聯想在一起，然而實際上內分泌疾病所導致的體重增加，其實只佔兒童與青少年肥胖諸多因素中的百分之一不到。

臨床實境

兒童內分泌科門診，常聽到如下對話。

「醫師，我的兒子這麼胖是不是內分泌失調造成？」

「醫師，我兒子明明都只有吃正餐，卻一直變胖，是不是代謝不好？」

會導致兒童與青少年肥胖的幾個內分泌疾病包含：

....

- 俗稱「類固醇過多」的「庫欣氏症候群」
- 甲狀腺功能低下
- 生長激素缺乏
- 偽性副甲狀腺功能低下1a型

....

特別的是，以上內分泌疾病除了肥胖，常常還合併生長遲緩。

疾病：下視丘型肥胖

下視丘位於大腦深部，腦垂體上方，雖然只有2～3公分大，但其中有很重要的體溫、飢餓感、飽足感、能量平衡的調節樞紐，因此一旦下視丘受傷生病，身體的食慾控制能力往往會「失調」，進而造成快速進展的嚴重肥胖後果，在治療上也是比較棘手的。

兒童的下視丘型肥胖常見於顱咽管瘤術後、腦瘤、頭部創傷、腦部放射治療後，因此當孩子有以上特殊疾病史或治

療史，又合併肥胖與快速的體重增加，也請務必提供相關資訊給臨床醫師參考。

藥物

某些特殊藥物副作用會造成體重增加，較常見於兒童與青少年族群的藥物包含：類固醇、希普利敏（抗組織胺）、某些抗癲癇藥、某些抗精神病藥、某些抗憂鬱藥、以及特定的糖尿病藥物。

但並非每一位病患使用上述藥物皆會造成體重增加與肥胖，請不要因此而抗拒上述藥物的治療使用。只是當使用過程有體重明顯增加的情形發生，請務必提供醫師以上用藥資訊（藥名、劑量、使用時間），做為藥物調整的參考依據。

肥胖是一種慢性病
—— 兒童肥胖對男孩健康的長期影響

肥胖是「萬病淵藪」！肥胖的併發症幾乎涵蓋全身每一個系統與器官。以下將針對各個系統條列說明。

心血管系統

兒童與青少年時期的肥胖會增加成人罹患心血管疾病的風險。包含動脈粥狀硬化、高血壓、心肌肥厚、心肌梗塞、腦中風等嚴重危及性命安全的併發症。

內分泌系統

兒童過重與肥胖影響內分泌系統甚鉅：

- 血糖調控失常：胰島素阻抗、第二型糖尿病。
- 血脂肪代謝失常：高膽固醇血症、高三酸甘油脂血症。
- 男性生殖內分泌系統：不孕症、男性女乳症、埋藏陰莖。
- 生長發育：肥胖男孩容易發生骨齡超前。

肝膽腸胃系統

從兒童、青少年以至於成人族群，肥胖者罹患非酒精性脂肪肝的機率都明顯高於非肥胖族群，長期的脂肪肝又會提高肝纖維化、肝硬化，甚至肝癌的風險。此外，肥胖還會

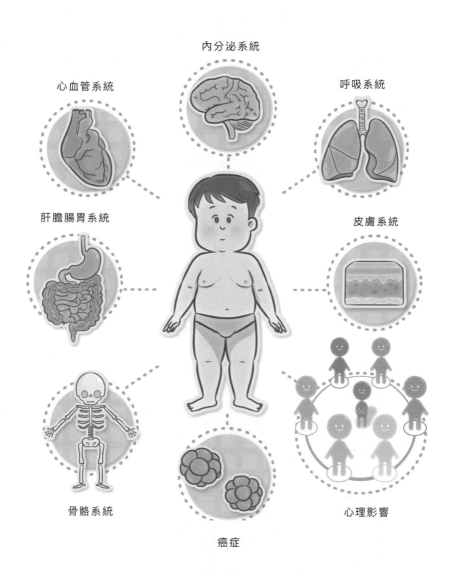

心血管系統

內分泌系統

呼吸系統

肝膽腸胃系統

皮膚系統

骨骼系統

癌症

心理影響

兒童肥胖對全身各系統的影響

增加罹患膽結石的機率，若肥胖兒童出現右上腹痛、黃疸、噁心、嘔吐、茶色尿等，須將膽結石列入考慮。

皮膚系統

- 黑色棘皮症：由於胰島素阻抗的關係，在皮膚皺褶處容易出現黑色素沉積與角質增生所致之條紋狀突起，常見於後頸部、腋下、鼠蹊與腹部皺摺處。常常會被誤以為是沒洗乾淨的汙垢或是曬黑，但卻怎麼也洗不乾淨、搓不掉的肥胖印記。當出現黑色棘皮症，往往是糖尿病或糖尿病前期的警訊，需就醫檢查。

- 肥胖紋：當體重快速增加皮膚快速被撐開的過程，容易出現肥胖紋，常見於腹部、屁股、大腿、手臂、乳房等部位，類似妊娠紋般。

- 對磨疹：由於肥胖造成某些部位皮膚反覆接觸摩擦出現類似濕疹、皮膚發炎的現象，常見於大腿內側、手臂內側、乳房下緣等部位。

- 毛囊角化症：常見於手臂外側與大腿前外側的毛孔突起小顆粒紅色疹子，觸摸起來粗粗的，雖然不痛不癢，但卻不美觀。

- 皮膚贅瘤：常見於頸部與腋下的小肉芽突起。

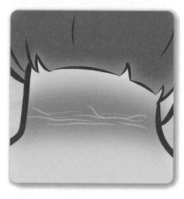

黑色棘皮症

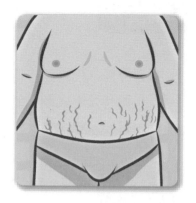

肥胖紋

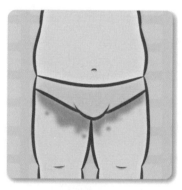

對磨疹

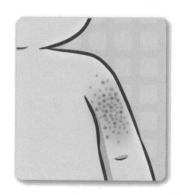

毛囊角化症

皮膚贅瘤

兒童肥胖對
皮膚系統的影響

骨骼系統

由於長期的過度負重，對於下肢骨骼與關節將造成負擔與傷害，在肥胖兒童容易增加股骨頭生長板滑脫、O型腿、退化性關節炎、骨折的機率。

心理影響

肥胖兒童與青少年由於外型較突兀，加上普遍人對於肥胖的刻板印象，在同儕與團體中容易遭受嘲笑、歧視、排擠、孤立，甚至是霸凌。因此肥胖兒童與青少年對自己往往較缺乏自信，甚至因而有憂鬱傾向，這都是在面對肥胖兒童與青少年時必須額外關注的問題。

呼吸系統

肥胖者由於呼吸道周圍組織富含豐富脂肪墊，加上肥胖容易合併扁桃腺與腺樣體肥大，造成呼吸道狹窄，睡眠時容易出現打鼾與「阻塞性睡眠呼吸中止症候群」。而長期的睡眠呼吸中止，又會延伸出白天精神不佳、嗜睡、注意力不集中、生長遲緩，甚至提高心血管疾病的風險。

癌症

成人肥胖目前已知與多種癌症有顯著關聯性，包含大腸直腸癌、胰臟癌、乳癌、子宮內膜癌、卵巢癌、腎臟癌與血癌。目前也有部分研究指出兒童時期的肥胖將提高成人時期罹患癌症的風險，包含白血病、大腸直腸癌和乳癌。

因此，肥胖不僅是「萬病淵藪」，甚至「胖起來要人命」！面對兒童與青少年肥胖問題，我們不得不更加謹慎！

什麼時候應該看醫生？

當孩子的身體質量指數BMI百分位大於第85個百分位，即符合「過重」定義，建議就醫由兒科醫師進一步評估肥胖的原因與相關併發症及危險因子。當男孩BMI值高於下表該年齡之過重值，請帶孩子就診兒科醫師。

年齡	0	0.5	1	1.5	2	2.5	3
BMI	14.8	18.9	18.3	17.5	17.4	17.2	17
年齡	3.5	4	4.5	5	5.5	6	6.5
BMI	16.8	16.7	16.7	16.7	16.7	16.9	17.3
年齡	7	7.5	8	8.5	9	9.5	10
BMI	17.9	18.6	19	19.3	19.5	19.7	20
年齡	10.5	11	11.5	12	12.5	13	13.5
BMI	20.3	20.7	21	21.3	21.5	21.9	22.2
年齡	14	14.5	15	15.5	16	16.5	17
BMI	22.5	22.7	22.9	23.1	23.3	23.4	23.5

臺灣男孩各年齡「過重」BMI值

醫生可能安排哪些檢查呢？

當男孩因為過重肥胖就醫時，醫師可能會對孩子做哪些檢查呢？

身體理學檢查

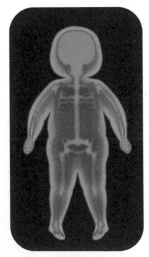

影像檢查

實驗室檢查

身體理學檢查

- 測量身高、體重、腰圍。
- 測量血壓、心跳數。
- 外觀：是否有庫欣氏症典型之月亮臉、水牛肩。
- 皮膚：是否有黑色棘皮症、角化病、皮膚贅瘤、對磨疹、過多粉刺、青春痘、多毛症、肥胖紋。
- 第二性徵：檢查胸部是否有男性女乳症，檢查是否有包埋陰莖。
- 頭頸部：是否有甲狀腺腫大、扁桃腺腺樣體肥大。
- 呼吸：是否張口呼吸、是否有鼾聲、是否有呼吸道狹窄之呼吸音。
- 腹部：是否有腹部壓痛、腹部腫塊。
- 四肢：是否有水腫、步態異常、關節變形、多指（趾）。

實驗室檢查

主要為血液檢驗：

- 飯前血脂、飯前血糖、肝功能。
- 視個別肥胖兒童狀況另外安排相關之項目。

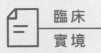

影像檢查

- 若有肝指數異常,將進一步安排腹部超音波看是否有脂肪肝。
- 可選擇性安排雙能量X光吸收——身體組成分析儀了解全身骨骼、肌肉、脂肪組成與分布狀況。

小時候胖不是胖?

這樣的說法與見解,其實不管在臺灣或歐美國家都曾有過這樣的迷思,近20年來,也有許多的長期研究探討兒童與青少年時期的肥胖與成人時期肥胖及疾病之間的關聯性。

臨床實境

醫師,阿公阿嬤說小朋友就是要養胖胖的比較可愛,而且「小時候胖不是胖」,長大就會抽高變瘦了,真的是這樣嗎?

根據2017年《新英格蘭醫學期刊》(*The New England Journal of Medicine*) 上關於兒童肥胖與成人肥胖的研究，從35歲的成人去回溯其兒童時期的體型發現幾個現象：

....

- 35歲的肥胖成人有一半以上小時候是胖的。
- 在35歲的成年人中有57%是屬於肥胖體格的。
- 2歲時的肥胖兒童到35歲時，有75%的機率仍然是肥胖的。
- 19歲時的肥胖青少年，到35歲時，有88%是肥胖的。

....

根據美國疾病管制局的資料，學齡前的過重或肥胖兒童，其成人時期肥胖的機率高達其他正常體型孩子的五倍之多！

諸多研究資料顯示，肥胖兒童有1/2的機率長大後仍然肥胖，而肥胖青少年更有2/3的機率變成肥胖成人。

由此得知，**小時候胖就是胖！**

小時候胖，幾乎決定了未來體重增加的趨勢！ 小時候胖，是未來長大後生病的詛咒！ 所以體重管理，應該從小做起！

如何幫孩子做好體重管理、健康減重？

有了前面內容的了解，相信爸爸媽媽們對於兒童過重與肥胖都會提高警覺心。然而，究竟該如何落實，才能幫孩子做好體重管理，避免正常體型的孩子逐漸成為過重的孩子？ 如果孩子已經過重或肥胖，身為家長又該如何協助呢？ 邱醫師將體重管理的重點歸納為以下幾個層面，分別為飲食、運動、睡眠與環境。

飲食

● 母乳哺餵。

● 三餐定時定量。（早餐一定要吃！）

● 在家烹調優於外食。

● 食物選擇以原型、少加工為原則。

● 六大類食物均衡攝取，不挑食！（備註：六大類食物為：全穀雜糧類、豆魚蛋肉類、蔬菜類、乳品類、水果類、油脂與堅果種子類）

● 避免高熱量飲食，如高脂肉類、油炸與燒烤食品、甜食、精緻糕點等。

- 減少調味料的添加。

- 避免喝含糖飲料。

- 避免喝果汁，鼓勵直接食用水果，且水果攝取不過量（一餐一拳頭）。

運動

- 正常體型兒童建議每天運動 30 分鐘以上。
- 過重或肥胖兒童建議每日運動時間為至少一個小時。

睡眠

兒童青少年睡眠時間建議：

- 4～12 個月嬰兒，每天睡眠 12～16 小時，包括非常規睡眠時間的小睡。
- 1～2 歲，每天睡眠 11～14 小時，包括非常規睡眠時間的小睡。
- 3～5 歲，每天睡眠 10～13 小時，包括非常規睡眠時間的小睡。

- 6～12歲，每天睡眠9～12小時。
- 13～18歲，每天睡眠8～10小時。

....

睡覺前一小時，避免使用3C產品，如電視、手機、平板等。
睡覺時應盡可能關閉燈光，減少聲光刺激。

環境

- 家中用餐盡量固定在餐桌上，避免邊看電視邊吃東西。
- 家中應營造友善飲食環境，避免在家中隨時囤積唾手可得的垃圾食物。
- 家長應該以身作則，全家一起養成與落實健康飲食與健康運動的習慣。
- 應準備「體重計」，養成至少每週固定測量體重的習慣。
- 3C產品使用原則：
    → 2歲以下幼兒：不應接觸電視、平板、手機、電子遊戲等多媒體。
    → 2歲以上兒童：每日3C產品使用時間應小於2小時。

兒童肥胖中醫觀點

有別於成人，兒童的中醫生理特點在於「臟腑嬌嫩，形氣未充」，「肺脾腎常不足」。意指兒童的消化系統發育尚未健全，當後天起居不慎，加上飲食不當，將造成消化系統的負擔。常見為「脾胃氣虛」合併「痰濕阻滯」的證型。

而肥胖的體質與證型，常常由平時不良生活習慣日漸積累而成。

肥胖的孩子常見的共通點為「不喜歡動」。在門診短短十幾分鐘的觀察即可發現肥胖兒童「能躺則躺，能坐則坐」，明顯運動量不足，除了熱量消耗少，造成熱量累積體重增加之外，還會使基礎代謝率下降。「久臥傷氣，傷氣則氣虛；久坐傷肉，傷肉則脾虛」，脾胃氣虛，脾失健運，加上飲食不節、過食肥甘厚味，導致體內津液輸布失調而痰濕內生，導致肥胖。

肥胖兒童的舌診常可觀察到典型象徵氣虛與痰濕的胖大齒痕舌，與厚膩的舌苔。氣虛且痰濕阻滯的孩子，容易感到肢體沉重倦怠、提不起勁，睡眠品質也不好，明明睡眠時

間很多很長，但卻越睡越累，多夢，白天精神不佳，甚至影響學習效率。

治療仍以「有是證，用是藥」為原則。

經過以上的了解可知，兒童肥胖問題，除了極少數由疾病造成的肥胖之外，絕大多數的兒童肥胖還是歸因於過多的熱量攝取與不足的熱量消耗。

無論從中西醫觀點，健康的生活習慣、充足的睡眠、均衡適量的飲食、規律的運動習慣才是奠定孩子「好體質」的一切根本。

吾家有子初長成──
兒子進入青春期了嗎？

4

男孩的第二性徵主要是生殖器的改變，包含睪丸、陰莖長大、色澤變深，長陰毛、長腋毛、變聲與長喉結。

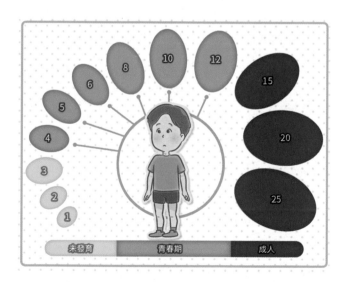

男孩青春期開始的第一步，是睪丸體積長大。

家長通常在變聲、長陰毛、長喉結時才意識到男孩已進入青春期，但此時通常已是青春期的中後期。

男孩病理因素所致性早熟機率較女孩大許多，又不容易被發現，家長應更加留意。

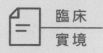

臨床
實境

醫師，我的兒子臉上長粉刺，是開始發育了嗎？

醫師，我兒子國小五年級，生殖器感覺比較大，會不會是早熟？

醫師，聽說變聲就長不高了，我好擔心！

醫師，聽說發育了就要趕快去打針，不然會長不高？

醫師，阿嬤說發育了要趕快吃轉骨方，才會長得好？

這是每日門診，爸爸媽媽們時常詢問邱醫師關於男孩發育的問題，究竟男孩進入青春期會出現哪些表徵？什麼時候發育才是正常的？什麼情形應該帶孩子看醫生？身為家長又該如何幫兒子注意，幫助兒子順利度過青春期呢？

男孩青春期是如何啟動的？

青春期是「男孩逐漸轉變為成熟男人的過程」。男孩青春期的開始，要從人體啟動青春期發育的「下視丘－腦垂體－性腺」與「下視丘－腦垂體－腎上腺」兩大系統說起。

下視丘-腦垂體-性腺

下視丘釋放出「促性腺釋放激素」，刺激腦垂體前葉分泌「黃體刺激激素」及「濾泡刺激激素」，這些指令再經由血液傳遞到性腺「睪丸」。「黃體刺激激素」刺激睪丸間質細胞（Leydig cell）生成「睪固酮（testosterone）」；「濾泡刺激激素」刺激睪丸的支持細胞（Sertoli cell）促進精子生成（spermatogenesis）。兩者偕同作用之下，使男孩生殖器陸續產生變化：睪丸體積變大、陰莖長大、陰囊與陰莖顏色變深，聲帶變寬變長變厚使聲音變低沉、甲狀軟骨向前凸出長大形成喉結等。

此外，睪固酮也會有一部分經由芳香環轉化酶（aromatase）轉化為雌激素，雌激素與睪固酮再分別作用於骨骼生長板，加速軟骨骨化，骨骼生長，因此青春期的生長速度會明顯高於青春期以前。

下視丘-腦垂體-腎上腺

下視丘分泌「促腎上腺皮質激素釋放激素」，使腦垂體前葉分泌「促腎上腺皮質素」，再刺激腎上腺生成「雄激素（androgen）」，使陰毛、腋毛生長，油脂腺、汗腺、頂漿

腺發育成熟，分泌旺盛，因此青春期孩子皮膚較油，容易長青春痘、粉刺，也較容易有狐臭與體味。

男孩的第二性徵包含哪些？

男孩的第二性徵主要是外生殖器的改變，包含睪丸、陰莖長大、色澤變深、長陰毛、長腋毛、變聲及長喉結。除此之外，睪固酮也會讓男孩的肌肉較發達強壯，肌肉線條更明顯，使整個身型變得「很 Man」！

男孩的第二性徵的分期評估

臨床上醫師在評估男孩的青春期發育成熟度有一個評分準則，稱為 Tanner stage，分別對「生殖器發育」與「陰毛發育」做評分，各有五個分期。

正常的發育年齡

醫學上定義：**男孩在 9 ～ 14 歲間開始出現第二性徵是正常的現象。**

第一期
尚未發育

第二期
睪丸、陰囊長大
陰囊顏色變紅

第三期
陰莖變長
睪丸長得更大

  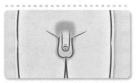

第一期
無陰毛

第二期
陰莖根部
稀疏直細毛

第三期
陰毛延伸到
恥骨中部
又粗又黑又捲

第四期
龜頭長大
陰莖明顯變粗
陰囊顏色變黑

第五期
成熟男性的
外生殖器

第四期
陰毛範圍更廣

第五期
成熟男性陰毛
長到大腿內側

男孩青春期發育 Tanner stage 分期

醫師，我該如何知道兒子的睪丸多大，
是不是已經開始青春期發育呢？

兒童內分泌科醫師在評估男孩睪丸的大小會使用「睪丸測
量器」來輔助。

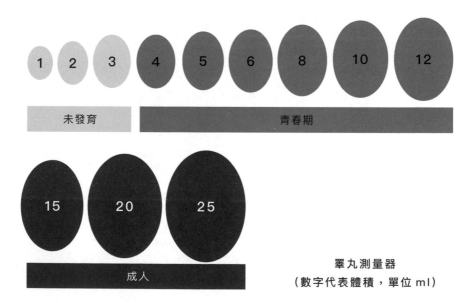

睪丸測量器
（數字代表體積，單位 ml）

什麼是「性早熟」跟「性晚熟」？

性早熟是指：在不該發育的年齡，過早出現第二性徵。
男孩在9歲前出現第二性徵，視為性早熟。

性晚熟是指：在該發育的年齡，還沒出現第二性徵。**男孩在**
14歲以後尚無第二性徵，視為性晚熟。

9歲		14歲
性早熟	正常發育	性晚熟

男孩青春期發育年齡

為什麼會發生「性早熟」或「性晚熟」？

當「下視丘－腦垂體－性腺」與「下視丘－腦垂體－腎上腺」
此兩系統的運作出差錯，正常啟動青春期的功能便會失控，
太早開始運作便發生性早熟；遲遲沒辦法運作便發生性晚熟。

性早熟的原因

根據發病部位，可以區分為「中樞性早熟」與「周邊性早

熟」。中樞性早熟是指源自「下視丘與腦垂體」的問題而導致的性早熟。周邊性早熟是指源自「睪丸與腎上腺」或「外來環境荷爾蒙干擾物」的問題而導致的性早熟。

中樞性早熟

男孩中樞性早熟約有25～75%來自腦部結構性病變，包含：

....

- 腦部腫瘤：如下視丘錯構瘤、星狀細胞瘤、室管膜細胞瘤、視神經或下視丘膠質細胞瘤、神經纖維瘤合併視神經膠質細胞瘤。
- 腦部曾接受過放射線治療或暴露。
- 其他的中樞神經疾病：如水腦症、腦垂體囊腫、中樞神經系統發炎疾病、先天性腦部中軸發育異常（如視神經發育不全）。
- 特定基因異常：如*KISS*基因與*KISS1R*基因發生功能獲得型突變、*MKRN3*基因發生功能喪失型突變等。

....

周邊性早熟

周邊性早熟是指源自睪丸、腎上腺的問題，所導致的性早

熟，常見疾病包含：

- 睪丸腫瘤。
- 先天性腎上腺增生症、腎上腺腫瘤。
- 馬科恩－亞伯特氏症候群（McCune-Albright syndrome），
  又名「纖維性骨失養症」，罹病男孩會出現多發性骨纖
  維性發育不良、皮膚有咖啡牛奶斑、睪丸鈣化等特徵，
  也容易合併其他荷爾蒙異常。
- 「外來環境荷爾蒙干擾物」接觸，也屬於周邊性早熟。

性晚熟的原因

類似於中樞性早熟的概念，根據發病部位，可以區分為「原
發性性晚熟」與「繼發性性晚熟」。

原發性性晚熟

「原發性性晚熟」是指因為睪丸功能衰竭，導致的無法分
泌足夠睪固酮而正常出現第二性徵。常見於柯林菲特氏症
（Klinefelter syndrome）、隱睪症或睪丸曾接受放射治療
間接造成睪丸功能障礙等。

繼發性性晚熟

「繼發性性晚熟」問題的來源在於中樞神經系統，下視丘與腦垂體無法適當分泌釋放「促性腺釋放激素」、「黃體刺激激素」以及「濾泡刺激激素」，因而無法發號施令啟動青春期的開關。可以理解為「中樞性晚熟」。

「繼發性性晚熟」可見於以下幾種情況：

- 基因突變造成的特殊症候群（如卡曼氏症候群Kallmann Syndrome）
- 腦部受過嚴重創傷
- 顱咽瘤
- 發炎性腸道疾病
- 厭食症

性早熟會對男孩造成哪些長期影響？

男孩性早熟未得到適當治療造成的長期影響目前相關的研究較少，較清楚明確的主要是**因早熟加速生長板閉合，造成的成人身高矮小。**

在心理層面的影響，部分研究顯示與社交畏縮、攻擊性強、學校表現受影響、性侵、性虐待等呈現正相關。

在生理層面的長期影響，有研究發現會增加罹患睪丸癌與攝護腺癌的風險。

什麼情況應該要看醫生？

當男孩開始發育的時間沒有落在正常的年齡區間，代表孩子可能有潛在的問題，必須及早帶孩子就診「兒童內分泌科」，包含：

- 男孩9歲前睪丸長大、陰莖長大、陰囊顏色變深、長出陰毛、腋毛、鬍鬚、喉結。
- 學齡男孩在9歲前出現第二性徵合併長高速度過快(>6公分 / 年)。

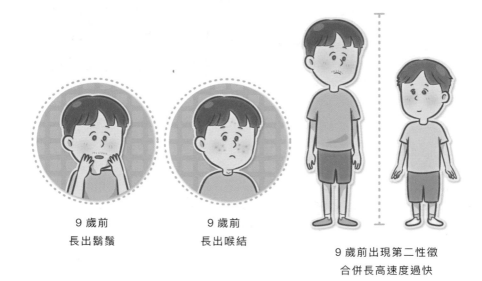

9 歲前
長出鬍鬚

9 歲前
長出喉結

9 歲前出現第二性徵
合併長高速度過快

出現性早熟表現，請儘快就醫

醫師可能會安排哪些檢查？

面對性早熟或性晚熟孩子，醫師需要根據一些線索來判斷：
❶ 孩子是不是真的發育了；❷ 大概發育多久了；❸ 是不是
哪裡生病而造成早熟或晚熟？

因此需要掌握以下重要資訊：

⋯⋯⋯

● 孩子當下的生長狀況（身高、體重、BMI）
● 生長速度（需有過去的生長紀錄做參考）

- 評估是否有第二性徵以及發育成熟度
- 爸爸媽媽兒時的生長狀況以及發育時間，例如：
  - → 爸爸幾歲變聲？ 幾歲還在長高？
  - → 媽媽初經幾歲報到？
- 孩子是什麼時候出現第二性徵？
  - → 什麼時候開始睪丸變大？ 陰莖變大？
  - → 什麼時候開始長陰毛、腋毛？
  - → 什麼時候開始變聲？
- 是否伴隨其他症狀？ 如頭痛、腹痛、多喝、多尿、視野障礙、體重減輕？
- 是否有在使用任何保健食品或中、西藥物？（包含口服、外用）

....

可能會安排的檢查與檢驗項目（詳見「生長門診常見特殊檢查介紹」章節）：

....

- 骨齡檢查
- 睪丸、腎上腺超音波檢查
- 抽血檢驗：與青春期發育相關的荷爾蒙項目
- 有的孩子會進一步做到「性釋素刺激測驗」
- 腦部核磁共振檢查

性早熟的治療

性早熟的治療方式取決於性早熟的原因。

- 中樞性早熟：性釋素促進劑（GnRH agonist）。
- 周邊性早熟：治療周邊器官病灶（如睪丸、腎上腺）。
- 病態中樞性早熟：除了性釋素促進劑治療外，有的還須同時接受其他治療，例如腦瘤摘除手術、化學治療、放射線治療、質子治療等。

關於性釋素促進劑的治療，詳見「生長發育門診特殊藥物簡介」章節。

男孩生殖器常見問題

蛋蛋的哀傷——隱睪症

「隱睪症」意指無法在睪丸正常的位置——陰囊內，觸診摸到睪丸的存在。可能的原因包含胚胎發育過程睪丸未順利從腹腔降至陰囊內（睪丸未降）、睪丸萎縮，或無睪丸。

所有新生兒中，隱睪症的發生率約為4.5%。在早產兒族群，隱睪症發生率甚至高達30%，主要是因為胚胎發育過程，睪丸約在孕期第7～8個月時開始移行降落至陰囊內。

大多數新生兒的隱睪症會在後續自行降落至陰囊內。據統計50%會在三個月大時降落，到六個月大時僅剩1.5%男寶寶睪丸尚未降至陰囊內。通常若四個月大時睪丸仍未降至陰囊內，隱睪的問題將持續存在。

隱睪的原因有很多面向，從早產、性腺功能低下、腦垂體發育不良，到染色體異常、性別分化障礙等。生長激素缺乏的男孩也有一部分會合併隱睪症。

隱睪症若未能及時接受睪丸固定術治療（orchiopexy），會造成後續睪丸發育不良、不孕症、甚至睪丸癌變的風險。

研究顯示，在甫出生時，未降落的睪丸在組織學型態上大

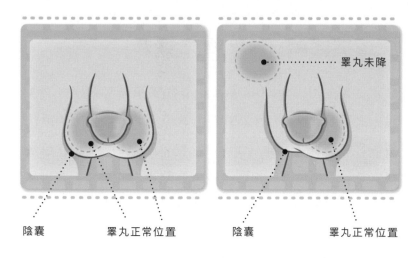

| 陰囊 | 睪丸正常位置 | 陰囊 | 睪丸正常位置 |

睪丸未降

隱睪症示意圖

致正常。但若到六個月以上仍未降落，便可在睪丸組織切片上看到許多病理性變化，影響後續睪丸的發育。青春期才發現隱睪的男孩，患側的睪丸中無法找到任何精子的存在。

正常成年男性不孕症機率約10%，單側睪丸未降治療後的族群不孕症機率約15%，雙側睪丸未降治療後的族群不孕症機率高達35～50%。「睪丸生殖細胞腫瘤」在隱睪症的族群發生率更是高達正常男性族群的四倍。

因此，家有男孩的爸爸媽媽們，請務必留意兒子的睪丸是否有在陰囊內，若陰囊內找不到睪丸，請務必儘早就醫，否則未來恐怕面臨蛋蛋的哀傷。

蛋蛋捉迷藏 —— 伸縮性睪丸

伸縮性睪丸（Retractile testes）的男孩常常在學校體檢時，被誤以為隱睪症而轉介至醫院就醫。一歲以上的男孩由於提睪反射（Cremasteric reflex）較強，孩子在接受檢查時若因為焦慮或怕癢，本來在陰囊內的睪丸就會被提睪肌往上拉至腹股溝處，便會造成暫時陰囊內找不到睪丸的情形，待緊張焦慮的狀況緩解後，睪丸又會自行降落至陰囊內，就好像蛋蛋在跟醫師玩捉迷藏一樣。通常檢查時醫師可在腹股溝處摸到睪丸且可回推至陰囊內。

雖然大多數伸縮性睪丸不會造成長期的影響（如：不孕症或癌症），還是建議應半年至一年追蹤一次。因為還是**有1/3左右的伸縮性睪丸男孩後續發生後天隱睪症，須因此接受睪丸固定術治療（orchiopexy）**。

腹股溝疝氣

腹股溝疝氣（Inguinal hernia）在任何年齡與性別都有可能發生，男孩發生率約是女孩的8倍。為先天性腹膜鞘狀突閉鎖不全所導致，通常發生在單側，在腹部用力，腹壓高時（如哭鬧、咳嗽、打噴嚏、嘔吐、便祕等），位於腹部

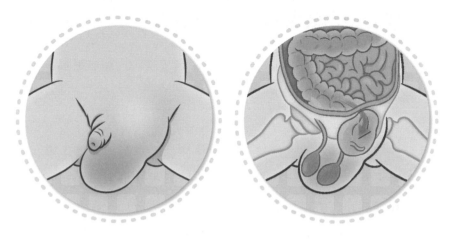

腹股溝疝氣示意圖

的腸子掉到腹股溝或陰囊內，外觀可見一個明顯突起的腫塊，理學檢查時觸診可發現有軟質的突出物，朝腹腔推擠大部分可消失，一旦面臨腹壓高的情境，又會再反覆發生。

腹股溝疝氣是需要外科手術治療的一個疾病。因為從腹腔掉落到腹股溝或陰囊內的腸子有可能發生卡住無法推回，造成腸子阻塞甚至壞死，稱為「嵌頓性疝氣（incarcerated hernia）」，嚴重甚至會有生命危險。因此當發現男孩腹股溝或陰囊有突起腫塊，或兩邊陰囊大小不對稱，請務必儘快帶孩子就醫。

我的兒子是否需要割包皮？

包皮是覆蓋在龜頭外面的皮膚，外層是皮膚，內層是黏膜，其功用是保護龜頭。

在嬰幼兒時期，包皮內層黏膜和龜頭是結合在一起的，漸漸地，黏膜層及龜頭表面剝落的一些細胞會形成白色脂狀物，存在包皮與龜頭間的縫隙內，稱為包皮垢。隨著包皮垢越來越多，會逐漸撐開包皮和龜頭的間隙。而陰莖勃起的過程，包皮的回縮作用，也會助一臂之力，逐漸使包皮與龜頭分離。

到了青春期階段，約有95%以上男孩包皮與龜頭可完全分離。因此**絕大多數男孩是不需要割包皮的！**

什麼情形需要施行割包皮手術？

● 反覆泌尿道感染
● 解尿障礙：因包皮開口過小，解尿時包皮形成水球樣鼓起

包皮在嬰幼兒時期，可保護龜頭免於遭受尿液與糞便的汙染刺激，也可以保護龜頭避免摩擦破皮受傷，彷彿是一件穿在陰莖外面的衣服。包皮也不會限制陰莖生長，因此除

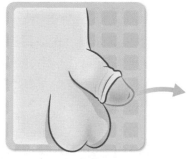

正常狀態下包皮與龜頭可完全分離

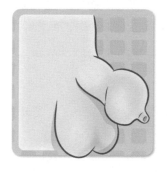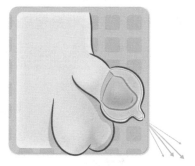

包莖導致解尿時如水球樣鼓起之包皮

非上述狀況,不建議健康男孩在嬰幼兒時期即施行割包皮手術。

割包皮手術在嬰幼兒時期執行須全身麻醉,且此時龜頭與包皮緊密結合,手術時需剝離包皮內層黏膜與龜頭,會造成劇烈疼痛,修復期也較長。相較之下,長大之後割包皮只要局部麻醉,包皮已與龜頭自然分離,手術傷口小,復原也快。長大後陰莖發育大勢底定,也才能更適切地量身打造適合的包皮長度。

建議對於兒子是否需要割包皮有疑慮的家長，可以直接帶
男孩就診兒童外科，由醫師評估診視，諮詢討論。

埋藏陰莖

埋藏陰莖（Buried Penis）常見於肥胖男性。由於皮下脂肪
過多導致陰莖埋藏在脂肪層內，乍看之下露在外面的陰莖
只有一小截，但若將陰莖周圍肥厚的脂肪往內推至恥骨，
便可露出完整的陰莖，通常整體長度是正常的。

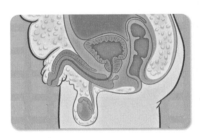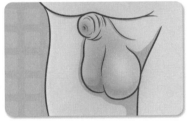

肥胖導致的埋藏陰莖

陰莖短小

**陰莖短小（Micropenis）的定義是指陰莖長度短於同種族、同
年齡尺寸2.5個標準差以上。**

在判斷陰莖是否短小，首先要精確測量陰莖長度。正確的陰莖長度測量方式為「拉直的陰莖長度(stretched penile length)」。測量時須將陰莖周圍的脂肪往恥骨推到底，露出完整的陰莖，測量陰莖根部至龜頭頂端之間的距離。

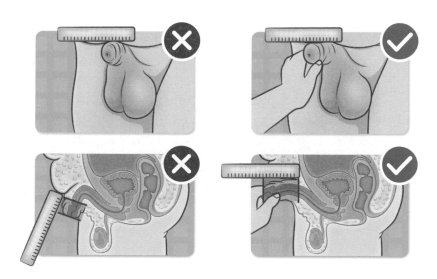

陰莖長度測量方式

關於臺灣本土男孩陰莖長度的相關研究，目前較完整的資料是2006年中國醫藥大學附設醫院蔡輔仁教授針對2,126位5歲以下男童進行測量分析的統計數據，如下表：

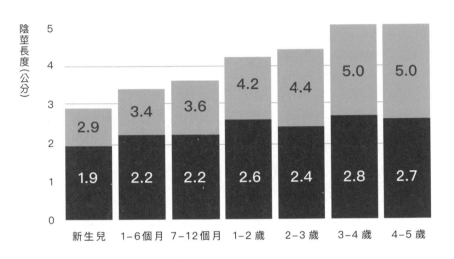

陰莖長度（公分）

| 5 |
| 4 |
| 3 |
| 2 |
| 1 |
| 0 |

2.9 / 1.9 新生兒
3.4 / 2.2 1–6個月
3.6 / 2.2 7–12個月
4.2 / 2.6 1–2歲
4.4 / 2.4 2–3歲
5.0 / 2.8 3–4歲
5.0 / 2.7 4–5歲

■ 建議就醫不足長度　■ 平均陰莖長度

臺灣 0–5 歲男孩陰莖長度參考值

出處：2006 年臺灣兒科醫學會雜誌

Acta Paediatr Taiwan. 2006 Nov–Dec;47(6)：293–6

邱巧凡醫師繪製

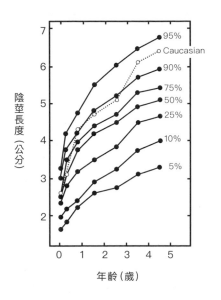

臺灣 0–5 歲男童陰莖長度百分位曲線圖

出處：2006 年臺灣兒科醫學會雜誌

Acta Paediatr Taiwan. 2006 Nov–Dec;47(6)：293-6

造成陰莖短小可能的原因包含：性腺功能低下、染色體異常、某些基因異常導致下視丘無法正常分泌促性腺刺激素的特殊症候群，如卡門氏症（Kallmann syndrome）、小胖威力症候群（Prader–Willi syndrome）。生長激素缺乏的男孩也有一部分會合併陰莖短小。

當發現男童陰莖短小，請帶孩子就診兒童內分泌科或遺傳科，由專業醫師進行評估診視。

男生也會長胸部
——男性女乳症

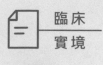 臨床
實境

國中二年級的阿倫洗澡時意外發現自己的右邊乳房有一個硬塊,而且碰觸到還會有疼痛感,阿倫好害怕是乳癌,趕緊請媽媽帶阿倫去看醫生。

經過醫師檢查評估,醫師告訴阿倫與媽媽,這是青春期男孩常見的「男性女乳症」。媽媽滿臉疑惑地詢問:「不是只有女孩才會有乳房發育嗎?」

男性女乳症是什麼?

男性女乳症(Gynecomastia)是指男性乳腺組織的良性增生。在臨床上並不少見,在所有男性族群終其一生約有 1/3～2/3 曾經有過男性女乳症的經歷。

為什麼會造成男性女乳症?

大多數是「生理性男性女乳症」,但仍有少部分男性女乳症來自病理性因素。

「生理性男性女乳症」好發於三個時期，分別是新生兒時期、青春期以及老年期。

- 新生兒時期：來自母體經胎盤給胎兒的雌激素，會使剛出生的男寶寶乳腺組織發育，但這樣的過程通常是暫時的，一般會在出生後一個月內消退。

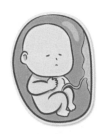

- 青春期：由於男孩青春期發育過程暫時性的雄性素與雌激素濃度失衡，大約22～69％的青春期男孩會經歷生理性男性女乳症的過程。通常可在乳暈下摸到一個有彈性的腺體組織，可能是單側或雙側，初期常伴隨壓痛感，大部分會在1～2年內逐漸消退。

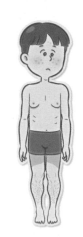

- 老年期：由於老化過程脂肪比例提高，周邊組織芳香化酶活性提高，黃體刺激激素濃度提高，睪固酮濃度降低，相對雌激素濃度提升，因而此時期約有30～65％男性會出現生理性男性女乳症。

「病理性因素」造成的男性女乳症包含：

....

- 柯林菲特氏症（Klinefelter syndrome）
- 慢性肝、腎疾病
- 甲狀腺功能亢進
- 高泌乳激素血症、泌乳激素瘤
- 性腺功能低下
- 睪丸腫瘤
- 腎上腺雌激素腫瘤
- 分泌人類絨毛膜性腺激素（human Chorionic gonadotropin, hCG）的腫瘤
- 藥物
- 外源性類雌激素環境荷爾蒙干擾物

....

病理性男性女乳症有哪些特徵？

- 乳房腫塊大於直徑4公分
- 乳房腫塊快速長大
- 在非好發年齡出現
- 青春期男孩乳房腫塊持續兩年以上未消退
- 合併其他相關症狀（乳房皮膚改變、乳頭分泌物、其他全身性症狀等）

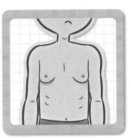

乳房腫塊大於直徑 4 公分　　乳房腫塊快速長大　　在非好發年齡出現

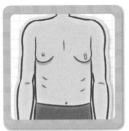

腫塊持續兩年以上未消退　　合併其他相關症狀

若男孩出現乳房腫塊合併以上特徵，應高度懷疑可能是「病理性男性女乳症」，務必儘早就醫，建議就診科別為「兒童內分泌科」。

醫師可能會安排哪些檢查？

當男孩因為乳房腫塊就醫，醫師會先確認乳房腫塊是否存在，並了解其質地，此過程需要對乳房進行「觸診」。理想的乳房觸診姿勢應為「仰躺，雙手對稱往上舉至後腦杓」。

乳房理學檢查

臨床上有一類族群稱為「假性男性女乳症」。外觀上雖然可見明顯隆起的乳房，但觸診時並沒有發現腫塊，整個乳房呈現均質、柔軟、脂肪組織的觸感，通常是雙側對稱性的隆起。常見於肥胖的男性，其本質為脂肪增生（lipomastia），並非乳腺組織或其他腫塊。

在觸診評估後，醫師還會搭配「病史詢問」，了解是否有相關的疾病史、用藥史，及相關的疾病症狀。

在兒童青少年族群，醫師還會做「生殖器的理學檢查」，評估青春期發育程度，甚至進行「睪丸觸診」，評估是否有睪丸腫塊。

當醫師懷疑可能有「病理性男性女乳症」，會針對懷疑的疾病與病灶部位進一步安排檢查，常見如血液檢驗、超音波檢查等。

男性女乳症如何治療？

治療方式取決於病因，**「生理性男性女乳症」一般不需要治療介入，只需定期追蹤留意乳房是否持續長大或合併其他症狀即可。「病理性男性女乳症」則須針對病因治療。**

外觀上的困擾，可以尋求整形外科協助，諮詢男性女乳症手術的介入時機與適合的術式。

環境荷爾蒙對男孩
成長與健康的危害

「環境荷爾蒙」無所不在，人體接觸後會對內分泌系統造成干擾，影響發育、代謝、生殖，甚至引發疾病。

環境荷爾蒙可能會嚴重影響人體健康，其中又以胎兒和處於發育期的兒童最容易遭受危害。

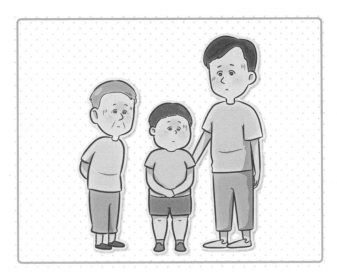

環境荷爾蒙的影響，甚至會改寫第二代、第三代的個
體健康歷程，種下子孫未來罹患疾病的禍根。

避免環境荷爾蒙，父母應該與孩子一起努力，從生活
做起。

場景：嬰兒室每日寶寶檢查與家長會談時間。

媽媽擔心地詢問：「醫師，請問我兒子的小雞雞會不會太短？ 我懷孕時常常喝塑膠杯裝手搖飲，很擔心會因此影響到兒子。」

環境荷爾蒙是什麼？

環境荷爾蒙 (Endocrine-disrupting chemicals, EDCs)，又名「環境內分泌干擾物質」，其化學結構與荷爾蒙相似，接觸後會對人體的內分泌系統造成干擾，影響荷爾蒙的合成、分泌、傳輸、結合、作用及排除，進而干擾人體之生長發育、代謝及生殖等生理作用，甚至引發相關疾病。

環境荷爾蒙哪裡來？

環境荷爾蒙的來源，在我們生活周遭，分布於食衣住行育樂，

無所不在：舉凡塑膠容器、餐具、奶瓶、奶嘴，塑料用品、玩具、文具、衣著，罐頭、紙餐盒、紙杯內層的淋膜，感熱紙中的雙酚 A、雙酚 S，農作物、蔬果種植使用的有機磷、有機氯農藥、除草劑、除蟲劑等，電線、電器用品中的阻燃劑，變壓器內的多氯聯苯，空氣汙染中的戴奧辛，荷爾蒙干擾藥物等都是環境荷爾蒙的重要來源。

同時要注意的是，食物鏈的最下游「大海」也遭受嚴重環境荷爾蒙的汙染：海洋生物體內可檢驗出抗生素、荷爾蒙、化療藥、避孕藥等藥物！2017 年美國華府非營利媒體 Orb Media 結合研究團隊，抽查全球五大洲的自來水，發現高達 83% 含塑膠微粒。當動物遭受環境荷爾蒙汙染，多數會殘留在其脂肪細胞。因此動物皮、肥肉、骨髓、內臟脂肪、動物油等食材，也是常見環境荷爾蒙的來源。

目前實證醫學文獻上有提及的環境荷爾蒙干擾物來源包含以下幾項：

● 鄰苯二甲酸酯（Phthalates）：塑膠產品、定香劑
● 雙酚類（Bisphenols）：食品容器、金屬罐內塗料、感熱紙、複寫紙

- 對羥基苯甲酸酯（Parabens）：化妝品、保養品（乳霜製劑等）

- 農藥與殺菌劑（Pesticides or fungicides）：使用農藥、除蟲劑之蔬菜、水果等農作物

- 藥物（Pharmaceuticals）：避孕藥、荷爾蒙製劑等

- 阻燃劑（Flame retardants）：家具、電器用品、地毯背襯等

- 多氯聯苯（PCBs）：冷卻劑、絕緣液、潤滑劑、變壓器、電容器等

- 植物雌激素（Phytoestrogens）：純化之大豆異黃酮

- 戴奧辛（Dioxins）：特定工業製程之燃燒排放、空氣汙染

- 烷基酚化合物（Alkylphenolic compounds）：洗滌劑，燃料和潤滑油添加劑

- 全氟烷基化合物（Perfluoroalkyl compounds）：廚具塗料、防油紙袋、紡織品、地毯等

- 精油（Essential oils）：茶樹精油與薰衣草精油

環境荷爾蒙與日常的距離，比你想得還要近

有鑑於國際上對環境荷爾蒙干擾物對人體健康危害的影響

日趨重視，我國政府自民國98年開始針對環境荷爾蒙干擾物進行具體之管理推動計畫，透過跨部會的整合合作，研擬國內環境荷爾蒙管理之短、中、長期計畫，為國人的健康把關。

其中在第二期執行成果報告中，行政院環保署毒物及化學物質局精心製作完整的宣導影片，專題報導「環境荷爾蒙與日常的距離，比你想得還要近」，推薦想進一步了解環境荷爾蒙的爸爸媽媽與小朋友們可以觀看影片了解。

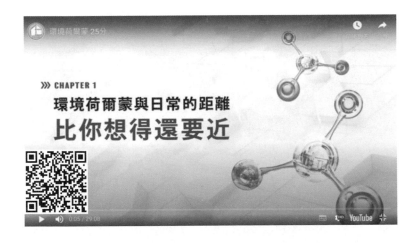

《環境荷爾蒙與日常的距離，比你想得還要近》
https://youtu.be/vRbxfGCq9C0

環境荷爾蒙對男孩有什麼影響？

根據細胞、動物與人體的相關研究發現：環境荷爾蒙可能會造成胎兒生長遲滯、早產、低出生體重、男寶寶生殖系統發育異常（出現陰莖短小、尿道下裂、隱睪症等外觀）、增加青少年與成人罹患男性不孕症（精蟲數量少、無精症、精蟲品質差、精蟲活動力不足等）、甲狀腺疾病、肥胖、代謝症候群與心血管疾病的機率；甚至造成睪丸生殖細胞癌與攝護腺癌等荷爾蒙相關的癌症，嚴重影響人類的健康！**其中又以胎兒和處於生長發育期的兒童最容易遭受環境荷爾蒙的危害。**

胎兒生長遲滯
早產、低出生體重

陰莖短小、尿道下裂
隱睪、男性女乳症、不孕、精蟲數量減少
精蟲品質下降、攝護腺癌、睪丸癌

環境荷爾蒙嚴重影響健康

154

如何避免環境荷爾蒙的危害？

- 避免使用塑料容器、塑膠製品、紙餐盒、紙碗、紙杯等一次性免洗餐具。盡量使用玻璃、陶瓷或不銹鋼餐具。

- 減少食用油炸、油煎食品，避免食用動物脂肪部位（如皮、肥肉、內臟、骨髓等）。

- 選擇當季盛產、有政府「CAS優良農產品」標章之農產品。

- 以電子載具取代實體發票，減少感熱紙的使用（號碼牌、收據等）。

- 選購有「安全玩具標章」的玩具，使用後應徹底洗手。

- 勤洗手，避免環境荷爾蒙殘留於皮膚或經口攝入。

- 保持室內通風、空氣清淨，打掃時避免粉塵飛揚（濕拖、濕擦、吸塵器優於乾掃）。

- 空氣品質不佳時，避免外出，外出也養成配戴口罩的習慣。

- 「廢舊藥品」請參考衛福部食藥署的建議方式回收處理，切勿自行丟棄。

- 兒童、青少年非必要應避免使用精油、乳液與化妝品。

- 避免使用香味濃郁的洗潔、護理用品（洗髮精、沐浴乳、洗衣精等）。

減少食用油炸、油煎食品
避免食用動物脂肪部位

避免使用塑料、紙製
等一次性免洗餐具

減少接觸感熱紙

避免使用香味濃郁的
洗髮精、沐浴乳、洗衣精等

廢棄藥品妥善回收
切勿自行丟棄

避免使用精油、
乳液與化妝品

勤洗手

保持室內通風
空氣清淨

 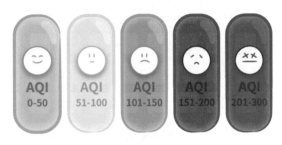

空氣品質不佳時避免外出
外出養成配戴口罩的習慣

選擇當季盛產
有政府認證之農產品

選購有安全玩具標章的玩具
使用後應徹底洗手

上一代的環境荷爾蒙暴露，
當心「禍延子孫」

門診常見爸媽對孩子從小細心呵護，給孩子吃最好、用最好的，但偏偏性早熟還是發生在孩子身上。究竟還有什麼

因素會導致性早熟呢？「表觀基因學」的研究指出，這一代的生活習慣（酗酒、抽菸、農藥、環境荷爾蒙干擾物暴露、不良的飲食習慣等）將會影響個體生殖細胞的DNA甲基化與組蛋白修改等過程，進而影響子代甚至母體胎兒內精卵細胞的基因表現，進而改寫第二代甚至第三代的個體健康歷程，種下子代未來罹患疾病的禍根。

所以，**預防未來子孫發生性早熟，應從現在這一代開始做起！**

生長門診常見
特殊檢查介紹

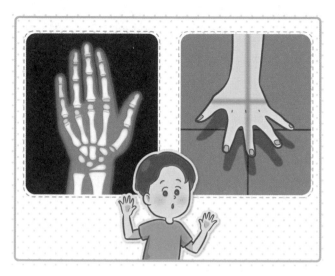

骨齡檢查是初步診斷兒童生長發育相關疾患與特定內分泌疾患的一項重要依據，但不是性早熟的唯一診斷指標。

經診斷高度懷疑為中樞性早熟，但無法從單一次血液荷爾蒙濃度做診斷時，需進一步安排「性釋素刺激測驗」。

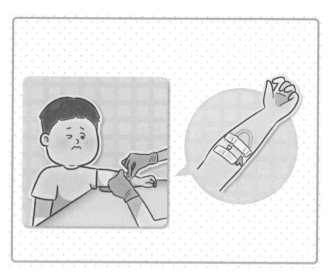

當孩童因身高不足或生長遲緩，評估有「生長激素缺乏症」之疑慮時，會安排小朋友做「生長激素刺激測驗」。

當孩童有中樞性早熟合併中樞神經症狀，經評估存在一定腦部病變風險時，會進一步安排「腦部核磁共振檢查」。

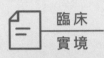

臨床
實境

12歲初發育的小凱骨齡13歲，媽媽既緊張又焦慮，深怕兒子會長不高，一進門診就著急地要醫生給小凱接受性早熟治療，甚至詢問能不能施打生長激素。然而，12歲的小凱已進入正常青春期發育的年齡，睪丸也才剛開始發育，當下的身高有第75百分位，而且預估成人身高還比遺傳身高多了5公分，經過邱醫師進一步分析說明，媽媽總算了解小凱是正常的青春期發育，這才終於卸下心中的焦慮。

在接下來四年多的發育過程，小凱很懂事地配合醫囑，認真遵循健康的生活型態：充足睡眠、每天運動、均衡健康的飲食，並定期回門診追蹤。最後，小凱在沒有任何藥物的介入下，國中三年級順利長到176公分的成人身高。

類似的情節，在生長門診每天不斷地在上演。究竟「骨齡超前」、「骨齡落後」是不是生病？為什麼兒童內分泌科醫師不建議我的孩子接受藥物治療？

骨齡

骨齡是什麼？

「骨齡」（Bone age）即「骨骼的年齡」，是根據1959年 Greulich and Pyle及1976年Tanner-Whitehouse 2 method，由左手手掌與手腕的骨骼影像，推測全身骨骼成熟度的一種方法

骨齡的檢查方法為：將「左手」手掌平放在檢查台，照射低輻射劑量X光，取得清晰的手掌、手腕與遠端尺骨、橈骨影像，再由兒童內分泌科醫師做專業判讀。

骨齡檢查安全嗎？

做一次骨齡檢查所暴露的輻射劑量，根據不同醫療機構設備差異大約落在0.001～0.01毫西弗，是一張胸部X光的一半不到劑量。臺灣每人每年接受的「天然背景輻射劑量」是1.62毫西弗（相當於照射162張骨齡），而且骨齡檢查過程時間短暫，左手掌也不是體內重要的維生器官，只要遵循醫師醫囑之檢查頻率，基本上是安全的。

為何要做骨齡檢查？

骨齡檢查是初步診斷兒童生長發育相關疾患與特定內分泌疾患的一項重要依據，如：身材矮小、身高過高、生長遲緩、性早熟、性晚熟、生長激素缺乏等，所以兒童內分泌科醫師常會用骨齡檢查做為診斷參考。

骨齡如何判讀？

兒童內分泌科醫師會根據左手手掌與手腕的影像，仔細查看每一塊骨頭的大小、形狀、每一個生長板的空隙大小，判斷當時的骨齡。專業的兒童內分泌科醫師會再根據實際生理年齡與伴隨的生長發育趨勢做整體評估，並藉此推估孩子未來的成人身高條件。

除了判讀骨頭的成熟度，有經驗的兒童內分泌科醫師還會特別留意其他的骨骼異常表現，如佝僂症、透納氏症、SHOX基因突變、Albright遺傳性骨發育不全症（Albright hereditary osteodystrophy）等，這些疾病也常常可以在骨齡影像中發現明顯骨骼異常。

骨齡不是性早熟唯一的診斷指標！

門診常見爸爸媽媽因為孩子骨齡大於實際年齡而焦慮緊張，擔心孩子性早熟而要求藥物治療。其實多數這樣的孩子是在正常年齡開始青春期發育，不僅沒有性早熟，也有不錯的身高潛力，所以只需要維持健康的生活型態，定期門診追蹤，往往就能達到不錯的成人身高。

哪些因素會影響骨齡的大小？

骨骼成熟的過程受到許多因素的影響，如：營養狀態、甲狀腺功能、性荷爾蒙、生長激素、皮質醇（cortisol）等。

青春期階段，由於性荷爾蒙濃度逐漸上升，並間接刺激生長激素的分泌，因此，大多數青春期的孩子身高明顯長得比先前快。但隨著性荷爾蒙濃度越來越高，同時也會加速骨骼成熟、促進生長板閉合。一旦所有生長板都閉合，也就決定了最終的成人身高。

臨床上常見孩子進入青春期後，骨齡開始有明顯加速的現象，此時也常伴隨相對應的生長速度，若身高符合骨齡該

有的表現，孩子的成人身高就不會受到影響。**骨齡超前於實際年齡是青春期孩子很常見的現象！骨齡超前不等於性早熟！**

然而，有些孩子在不該發育的年齡即出現第二性徵，如：女孩未足8歲出現乳房、陰毛發育，未足10歲來初經；男孩未足9歲出現睪丸、陰莖、陰毛發育。這樣的孩子倘若又合併長高速度明顯增加、骨齡進展快速，就會高度懷疑是「性早熟」，兒童內分泌科醫師將進一步安排相關的荷爾蒙檢查來確認診斷，並在必要時給予藥物治療。

骨齡超前的常見原因有：青春期發育、肥胖、遺傳、環境荷爾蒙的暴露、甲狀腺亢進等。

骨齡落後的常見原因有：營養不良、體質性生長遲緩、甲狀腺功能低下、特殊藥物使用等。

不過，也有一些會造成矮小的疾病（如：透納氏症），在青春期以前骨齡也符合實際年齡。因此，骨齡等同於實際年齡也不代表孩子一定健康沒生病！還是必須經過專業的兒童內分泌科醫師整體評估判斷。

結論：單靠骨齡超前、落後或等同生理年齡都不能直接診斷兒童正常或異常！

專業的兒童內分泌科醫師會根據孩子的年齡、身高、體重、身體質量指數（BMI）、營養狀態、潛在疾病、青春期發育的成熟度，綜合判斷骨齡是否符合整體表現，給您的孩子提供最適切的建議與治療。

為避免過度治療讓病患暴露在不必要的風險，臨床上有一種處置方式稱為「期待處置（expectant management）」，意思是雖然目前不考慮藥物治療介入，但會密切追蹤觀察，追蹤過程若出現異常，即安排進一步的檢查，必要時給予治療。

性釋素刺激測驗

若經過性早熟的初步評估檢查之後，高度懷疑是中樞性早熟，但又無法從單一次血液荷爾蒙濃度做診斷時，需進一步安排「性釋素刺激測驗（LHRH test）」以確定診斷。此檢查須由專業護理師幫孩童置放靜脈留置針（留置軟管），大部分會選擇手部靜脈。

留取給藥前的血液後，於該留置軟管施打藥物（促性腺釋放激素 LHRH），給藥後再每隔 30 分鐘抽血，一共抽取五次血液，分別檢測促黃體生成素、濾泡刺激素與雌激素或雄性素的濃度，以判斷孩童的下視丘–腦垂體–性腺軸是否已啟動青春期。

若給藥刺激後的促黃體生成素 LH 最高值大於 5mIU/mL 即為中樞性早熟（此為目前全球多數國家的診斷標準）。

臺灣健保局給付治療中樞性早熟的規定，LHRH 測驗藥物刺激後促黃體生成素 LH 最高值須大於 10mIU/mL 合併其他條件皆符合方具申請資格。

生長激素刺激測驗

當孩童因「身高不足」或「生長遲緩」就診兒童內分泌科，醫師評估有「生長激素缺乏症」之疑慮時，會安排小朋友做「生長激素刺激測驗」。

在手部靜脈置放靜脈留置軟管
並抽取給藥前血液

從留置軟管
注射LHRH製劑

隔30分鐘抽血檢驗
一共抽取5管血液檢體

性釋素刺激測驗示意圖

生長激素刺激測驗：什麼時候要做？

- 「長得矮」而且「長得慢」！

  → 長得矮：身高落在該性別年齡「第3百分位」以下。

  → 長得慢：「一年長不到4公分」，或身高曲線往下掉兩大條百分位曲線。

- 初步檢查顯示：骨齡明顯落後，血液檢驗IGF-1與IGFBP-3濃度不足。

- 伴隨其他生長激素不足可能合併的特徵（如前額凸出、顴骨發育不良、鼻梁塌陷、低血糖、陰莖短小、尿道下裂，或合併其他荷爾蒙異常等）。

當以上情形發生，醫師認為孩子有「生長激素缺乏症」的可能，將進一步安排「生長激素刺激測驗」。

生長激素刺激測驗：是什麼？

平常生長激素的分泌呈現「脈衝式分泌」，因此無法從隨機、單一次的血液檢測直接反映個體生長激素分泌的能力。

生長激素刺激測驗是藉由藥物的刺激，營造出生長激素必須要分泌的情境，藉此情境來了解分泌的功能是否正常。

目前在臺灣可用來做為生長激素刺激測驗的藥物包含：胰島素、clonidine、L-Dopa、Arginine 及 Glucagon。

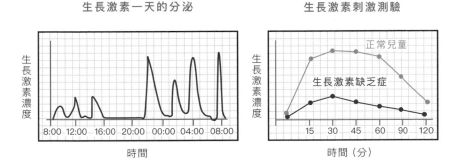

生長激素刺激測驗示意圖

生長激素刺激測驗：怎麼做？

於早上 7～9 點，建立靜脈留置針，並執行第一次抽血，隨後給予檢查用之「口服藥物」或「靜脈注射藥物」。之後每隔 15～30 分鐘執行一次抽血，檢測生長激素濃度。一次「生長激素刺激測驗」檢查流程約 2～3 小時完成。

最後一次抽血完畢後，若身體無不適，便可移除靜脈留置針頭。

生長激素刺激測驗：安全嗎？

生長激素刺激測驗執行過程，有可能發生以下狀況，須特別留意，必須在專業醫療團隊照護下執行此測驗。

● 暈針：由於須透過口服或靜脈注射藥物刺激生長激素分泌，加上得抽血數次，因此在兒童、青少年族群有可能因為心理壓力與恐懼感，在測驗過程中出現眩暈與噁心等暈針症狀。通常只要休息一段時間即可恢復，也不會因此產生後遺症。

● 測驗藥物的作用：檢查期間所服用或注射的藥物，會造成血糖偏低、血壓偏低，可能出現口乾、頭痛、冒冷汗、臉色蒼白、嗜睡、疲倦、頭暈、噁心、嘔吐等症狀。一般只要適度休息，並於檢查後進食即可逐漸恢復。少數有特殊病史的孩童（如癲癇、腦瘤等）可能在此過程出現抽搐發作等狀況。

生長激素刺激測驗：檢查注意事項

- 檢查前須至少空腹8小時，檢查開始至結束期間也禁止飲食，以免影響檢查的準確性。
- 抽血期間出現頭暈、噁心、臉色蒼白、抽搐、意識不清等情況，須立即告知醫護團隊。
- 檢查期間應坐在椅子上或臥床休息，儘量不要起身走動。

生長激素刺激測驗：檢查結果

檢查結果醫師將針對患童本身狀況與兩項不同藥物刺激後的生長激素分泌能力進行判讀，若判斷為「生長激素缺乏症」，將進一步安排「腦部核磁共振檢查」以釐清生長激素缺乏的可能原因，並衡量「生長激素治療」的適當性與時機，與家長進行說明與討論。

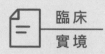

在生長門診，常見到性早熟孩童的家長擔心地詢問：

「一樣是性早熟，為什麼同學有做腦部核磁共振檢查，自己的孩子卻沒有，好擔心孩子腦部有病變沒有被發現……」

「腦部核磁共振檢查是中樞性早熟必要的檢查嗎？對孩子會不會有風險？」

腦部核磁共振檢查

哪些情況應該要做腦部核磁共振檢查？

- 所有中樞性早熟的男孩
- 小於6歲的中樞性早熟女孩
- 中樞性早熟合併快速青春期進展（Rapid progression）
- 中樞性早熟合併中樞神經症狀（如頭痛、嘔吐、癲癇、肢體無力、視野障礙、多喝、多尿等）

- 生長激素缺乏症
- 其它腦垂體下視丘疾病（如：巨人症、庫欣氏症、高泌乳激素血症等）

中樞性早熟合併中樞神經症狀
如頭痛、嘔吐、癲癇、肢體無力、視野障礙、多喝、多尿等

腦部核磁共振檢查：安全嗎？

核磁共振檢查是無輻射性的安全檢查，可清楚呈現腦部結構異常與血管病變。但是檢查耗時（一般約需30分鐘），檢查過程須配合指令靜止不動。由於儀器發出聲響較大，年紀小的兒童單獨在儀器內常常會害怕、躁動，因此在年紀較小或不能配合的兒童，常常需要事先給予鎮靜藥物，讓孩子睡著以順利完成檢查。

家長只需平時多留意孩子的相關症狀，看診時向醫師說明完整的病史資訊，並配合定期追蹤，幫助及時發現問題、早期診斷與治療。若醫師研判孩子腦部病變風險是低的，不需要進一步腦部核磁共振檢查，也請安心配合醫師建議，無須過度恐慌。

經醫師評估存在一定的腦部病變風險時，為清楚鑑別腦垂體與下視丘部位可能存在的病兆，特別是大腦碟鞍部的核磁共振影像是必要的檢查且需要搭配靜脈注射顯影劑。而兒童內分泌科醫師會依據個別孩童的狀況，權衡檢查的利弊，做最妥善的安排。

生長發育門診
特殊藥物簡介

生長激素治療，孩童的配合與家長的支持，治療遵從性好的族群，療效明顯高於常常忘記打針的族群。

生長激素治療，需要專業醫師依孩童個別狀況量身打造，才能在兼顧安全的前提下，讓治療發揮最大效益。

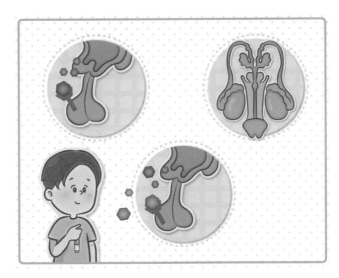

性早熟針劑，主要成分是「性釋素促進劑」，用來治療孩童的中樞性早熟，在謹慎劑量的治療掌控下是安全的。

小兒用藥有別於成人，切勿盲目服用中藥「轉骨方」，必須回到中西醫師專業，用藥安全才有保障。

生長激素

生長激素是什麼？

生長激素，從小到老都需要！過猶不及都不好！

生長激素是由191個氨基酸所組成的蛋白質類荷爾蒙，在下視丘的調控下，由腦垂體前葉進行脈衝式的分泌，從胚胎發育時期開始，終其一生到老。青春期階段血液中生長激素濃度達到高峰，隨後約每七年減少一半的分泌量，到55歲，生長激素濃度約只有青春期的1/6。

生長激素主要作用在骨骼、肌肉與脂肪。作用在骨骼，能使骨骼生長、也使骨質密度增加；作用在肌肉，能使肌肉量增加；而作用在脂肪，則能增進脂肪代謝，減少脂肪量。

「生長激素分泌不足」在兒童會以長不高、矮小來表現。在成人則會表現為容易疲倦、肌肉量少、骨質疏鬆、內臟脂肪多，呈現中廣型肥胖，容易合併代謝症候群與心血管疾病。

「生長激素分泌過多」在兒童因生長板尚未閉合，會快速長

高，表現為「巨人症」。成人生長激素分泌過多則表現為「肢端肥大症」。

生長激素如何使用？

「人工合成生長激素（recombinant human growth hormone）」從西元1985年開始應用於人類。**「皮下注射」是目前FDA認可的唯一有效治療途徑。**由於生長激素的半衰期很短，長期以來注射頻率為**「每天睡前注射一次」**，最接近自然生理性的生長激素分泌。

人工合成生長激素的藥劑目前大多設計為筆型注射器的型式。其操作容易、針頭短且細、疼痛感不明顯，甚至有隱藏式針頭設計，因此能減少兒童對針的恐懼感，對於實際接受治療的兒童與家長反應都不錯。許多國小中年級以上的學童甚至都能自行執行注射。

（備註：「長效型人工合成生長激素」（每週注射一次）經過數年研發與臨床試驗，自2020年起陸續獲得FDA核准可使用於成人及兒童生長激素缺乏症。）

不是「生長激素缺乏症」，可以打生長激素嗎？

除了已知的生長激素缺乏症之外，人工合成生長激素自1985年獲得FDA核准使用於兒童生長激素缺乏症以來，陸續被應用於其它原因導致的兒童矮小與生長遲緩。

經過長期的安全性與療效評估，取得FDA核准使用人工合成生長激素的適應症，目前包含：

- 兒童生長激素缺乏症（Pediatric growth hormone deficiency, PGHD）（1985）
- 慢性腎病（Chronic kidney disease, CKD）（1993）
- 成人生長激素缺乏症（Adult growth hormone deficiency, AGHD）（1996）
- 透納氏症候群（Turner syndrome, TS）（1997）
- 小胖威力症後群（Prader–Willi Syndrome, PWS）（2000）
- 胎兒小於妊娠年齡（Small for Gestational Age, SGA）（2001）
- 特發性身材矮小（Idiopathic Short Stature, ISS）（2003）
- SHOX矮小基因缺失症（SHOX Deficiency）（2006）
- 努南氏症候群（Noonan syndrome, NS）（2007）

因此，非「生長激素缺乏症」造成的「特定矮小症」，是可以透過人工合成生長激素的治療，達到改善身高的效果。但是需經過專業兒童內分泌科醫師的謹慎評估後，在正確的時機與劑量下使用，方能兼具療效與安全性。

打破生長激素治療的迷思

常有家長擔心地詢問，網路消息說「打生長激素會致癌、會造成性早熟……是不是真的？」目前可靠的研究成果告訴我們，**「適切的生長激素治療」，不會增加兒童罹患癌症的風險，更不會造成性早熟。**

因此，生長激素的治療應由「兒童內分泌科醫師」謹慎評估兒童是否符合適應症，正確的治療時機、恰當的劑量使用、治療過程中密切追蹤、監測相關指標、治療時間的拿捏等細節，都需要專業且有經驗的醫師依個別兒童的情形量身打造，才能在兼顧安全的前提下，讓治療發揮最大的效益。

把握黃金時機、掌握最好療效

根據長期研究成果顯示，生長激素治療開始的時間越早、治療時間越長、醫囑遵從性越好，身高預後越好。反之，

開始治療的年齡越大、骨齡越大、生長板空間越小，往往需要更大的生長激素劑量與更高的治療費用，幫忙的身高卻越有限。

因為生長激素的治療是由家長或孩子在家自行執行注射，治療的遵從性良好與否大大影響療效。研究發現，治療遵從性好的族群，療效明顯高於常常忘記打針的族群。因此，**治療過程中孩子的配合與家長的支持也扮演舉足輕重的角色喔！**

生長激素治療：可能的副作用

生長激素治療在符合適應症的族群中觀察到的副作用，以注射處的局部反應最常見，包含疼痛、紅、腫、瘀青、皮下硬塊等。

其它發生機率較低的副作用包含：顱內高壓、頭痛、甲狀腺功能低下、暫時性高血糖、股骨頭生長板滑脫等。

另外特別一提，若兒童本身有潛在脊椎側彎的問題，接受生長激素治療期間由於生長速度明顯大於治療前，此時會惡化原本脊椎側彎的程度，須特別留意！

生長激素治療：皮下注射注意事項

● **皮下注射的部位：腹部、臀部、上臂、大腿外側**

這些部位在藥物吸收速度上略有差異。吸收速度最快的部位為腹部，吸收速度其次為上臂，吸收速度較慢為大腿與臀部。

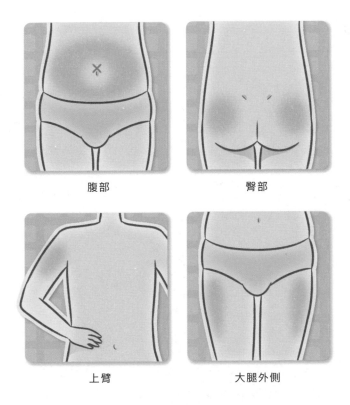

腹部 　　　　　　　　臀部

上臂 　　　　　　　　大腿外側

皮下注射的部位

● **其他會影響藥物吸收速度的因素還包含：**

❶ 運動：剛剛運動完的一側肢體由於血流增加，藥物吸收速度也會加快。❷ 溫度：較高的溫度，藥物吸收速度快（例如泡溫泉、熱水澡、按摩後）；較低的溫度，藥物吸收速度較慢。❸ 注射部位深淺：注射太淺，未到皮下組織，容易產生疼痛感，藥物吸收效率也較差；注射太深，進到肌肉層，會加速藥物吸收速率。

運動

溫度

注射部位深淺

可能影響藥物吸收速度的因素

● **皮下注射藥物使用要點：**

注射前：❶ 將藥水退冰至室溫。❷ 確認注射資訊並檢查藥水有無異常。❸ 選擇合適的注射部位。❹ 確實做好清潔消毒。

注射時：❶ 完全插入後再按壓注射按鈕。❷ 原處停留 6–10
秒，再拔出針頭。❸ 避免施打同一部位。

注射後：❶ 輕壓注射處至不再出血。❷ 不揉注射部位。❸
不重複使用針頭。❹ 將使用後的針頭包裝妥當並丟棄至指
定地點。

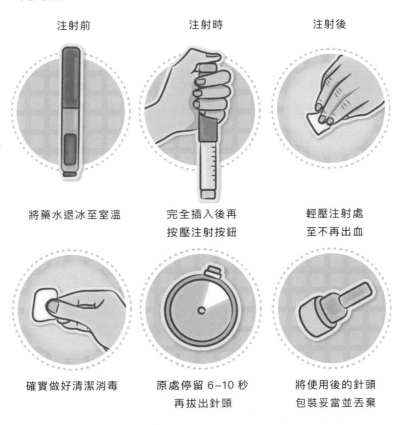

注射前	注射時	注射後
將藥水退冰至室溫	完全插入後再 按壓注射按鈕	輕壓注射處 至不再出血
確實做好清潔消毒	原處停留 6–10 秒 再拔出針頭	將使用後的針頭 包裝妥當並丟棄

配合醫囑指示正確使用藥物，並掌握以上皮下注射藥物的注
射要點，才能讓藥物更加穩定且安全地發揮其最佳療效。

不當使用：不僅不會幫助長高，還有健康風險！

由於近幾年家長對於孩子生長的關注與重視，因為生長問題尋求就醫諮詢與治療的比例明顯增加，也促成坊間針對兒童生長做為主打對象的商業行為日益氾濫，不管是保健食品、標榜專看兒童生長但非由兒童內分泌科醫師診治的醫療機構，甚至不乏收費高昂的自費診所。

然而，生長激素畢竟是藥物，藥物使用得當可以解決問題，使用不當甚至會增加健康風險。孩子有矮小與生長遲緩問題應該先謹慎評估，了解長不高的背後原因，才能對症下藥、適切治療，達到療效。

在兒童內分泌專家會議裡，偶爾可見未經妥善診斷、查出矮小原因，便盲目使用生長激素治療的孩子，後續才發現原來孩子的矮小與生長遲緩是因為某些特定疾病所導致，如腦瘤、癌症、肝臟疾病、腎臟疾病、甲狀腺功能低下、特定基因突變所致之症後群等。

生長激素使用在本身當下存在腫瘤細胞的個體，是會增加助長腫瘤增生與癌細胞轉移風險的，也是「絕對禁忌症」！

有些致矮小疾病本身存在未來罹患癌症的高風險，在未經妥善診斷下盲目開始治療，或使用不正確的劑量，對孩子的健康甚至生命安全帶來龐大的威脅！

生長激素：健保給付適應症

在現行的臺灣中央健保署「全民健康保險藥物給付項目及支付標準」中，生長激素給付適應症如下：

- 兒童生長激素缺乏症
- 透納氏症候群
- SHOX缺乏症
- 努南氏症候群
- 小胖威利症候群

以上為 2022 年 11 月頒布之適應症內容。個別疾病之適應症條件及申請資格限制，詳見衛生福利部中央健康保險署藥品給付規定條文。

性早熟針劑

性早熟針劑：是什麼？

性早熟針劑本身主要成分是「性釋素促進劑 (GnRH agonist)」。

性釋素促進劑用來治療中樞性早熟的作用原理，是藉由性
釋素促進劑與腦垂體前葉之性釋素受器相結合，經由去敏
感化的機轉，達到抑制下游黃體化刺激素與濾泡刺激素的
分泌，進而阻斷性荷爾蒙的製造，讓孩童過早開啟的青春
期開關暫時關閉。

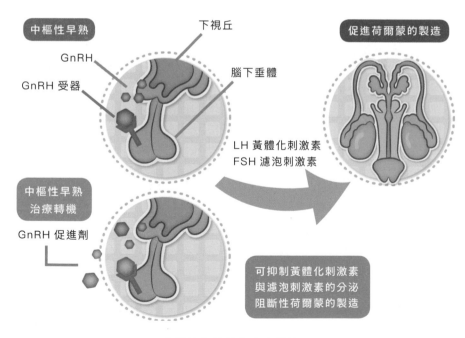

中樞性早熟藥物治療機轉

190

性釋素促進劑是透過皮下注射的途徑進到人體,目前在臺灣有兩種劑型:

作用時間	一個月	三個月
劑量	3.75毫克	11.25毫克

國內性釋素促進劑劑型

性早熟針劑:適應症

性釋素促進劑的適應症包含:

- 中樞性早熟
- 停經前乳癌
- 子宮內膜異位症
- 攝護腺癌

性早熟針劑:可能的副作用

性早熟針劑治療最常見的副作用為注射處的疼痛、硬塊,少數會形成無菌性化膿。

性早熟針劑：長期安全性

● 停藥後皆能正常恢復第二性徵發育

根據2016年歐洲內分泌學會雜誌一篇來自義大利團隊的統整，目前關於中樞性早熟男孩接受性釋素促進劑治療的研究顯示，接受治療的男孩在停藥後，無論在睪丸體積恢復、黃體化刺激素、濾泡刺激素、睪固酮的濃度恢復、完整第二性徵發育及精液分析皆與正常男性無異。

● 不會增加過重與肥胖的風險

研究顯示，中樞性早熟的孩子過重與肥胖的比例，在初診斷時即高於其他正常孩子。在接受性釋素促進劑治療後的長期追蹤發現，性早熟治療並不會加速肥胖的進展。

● 不會造成骨質疏鬆

性荷爾蒙是維持骨質密度強健相當重要的荷爾蒙。因此在成人族群接受性釋素促進劑治療的過程，由於性荷爾蒙受到抑制而造成骨質流失，增加骨質疏鬆的風險。

然而，在兒童中樞性早熟接受性釋素促進劑治療的研究發現，當這群孩子到了成人時期，骨質密度跟健康族群是沒有差異的。

這是因為孩子本來就不應該在這麼小的年紀分泌性荷爾蒙，早熟的孩子接受治療，讓性荷爾蒙回歸到未發育時應有的低濃度，該發育的時機再停藥讓孩子恢復性荷爾蒙的分泌，這樣的過程是不會對長期骨質健康造成影響的。

可見**在正規、謹慎的劑量與治療掌控之下，性釋素促進劑用於治療兒童中樞性早熟，是相對安全的！**

性早熟針劑：臺灣現行健保給付規範

- 開始發育年紀：男孩8歲以前
- LHRH測驗：LH最高值≧10mIU/mL且合併第二性徵
- 骨齡較生理年齡超過至少2年。
- 預估成人身高（兼具以下3項）
  - → 男孩≦165cm
  - → ≦遺傳身高
  - → 追蹤6～12個月間，骨齡增加比實際年齡增加比率≧2，且預估身高要再減少至少5cm。
- 繼續治療條件：男孩骨齡15歲以下，生長速率≧2公分／年

（備註：限地區醫院以上層級「兒童內分泌科」、「遺傳科」、「新陳代謝科」醫師申請使用。2022年10月28日公告）

中藥的使用

醫師，鄰居說男生變聲要開始吃轉骨方不然會長不高，我該給孩子吃嗎？

醫師，我有給小孩吃中藥，中藥房說這是水藥，不會加速生長板閉合！

醫師，我在中醫診所就醫，中醫師開成長一號方給我，可以給孩子吃嗎？

小兒病生理特性有別於成人：用藥需有獨特考量

兒童在病生理特點上具有臟腑嬌嫩、形氣未充，發病容易、變化迅速的特點。

典籍《溫病條辨－解兒難》中即指出：「小兒用藥稍呆則滯，稍重則傷，稍不對證，則莫知其鄉。小兒臟器輕靈，隨撥隨應，處方用藥宜輕巧靈活，用藥以平為貴。對於大苦、大寒、大熱、大辛、峻下、毒烈之品，應當慎用。即使遵

循『有是證，用是藥』的原則，也應中病即止，不可過劑。用藥過程應當兼顧脾胃之調養，勿使之損傷。」

小兒為純陽之體，稚陰稚陽、易虛易實、易寒易熱，不可亂投補益藥！**兒童生機蓬勃，只要養育得當，護養得宜，自能正常生長發育。在兒童不當補益當心上火、性早熟！**

轉骨方迷思：中藥不當使用，當心「揠苗助長」！

古代醫書與現代教科書都沒有「轉骨方」這個名詞，海峽對岸的中醫界也沒有「轉骨方」的論述，吃轉骨方是臺灣民間特有的現象。仔細探究這些民間轉骨方，可以發現各家轉骨方的中藥組成都不盡相同，但大多包含補肝腎、壯筋骨的中藥材。

回顧轉骨方發展的時代背景，過去臺灣社會經濟狀況普遍不好，營養不良、寄生蟲感染的情形相當普遍，當時的孩子大多因為營養不良導致青春期發育延遲，此時中醫師便會開立出改善脾胃運化功能，補益氣血，滋補肝腎，使孩子順利進入青春期的處方。然而，現代的孩子普遍肥胖、營養過盛，甚至有早熟的趨勢，古代的處方並不適合現代

多數孩子的體質，許多家長擔心孩子早熟、太熟，偏偏又給孩子服用這類屬性的中藥，無疑是「火上加油」！不當服用轉骨方反而變成揠苗助長。

絕對不是每個孩子到了某個生長發育階段就一定要用某帖藥物！中藥也絕非「有病治病，沒病強身」！

許多生長發育正常的孩子原本即具備相當優秀的身高條件，常常在服用坊間轉骨方後，觀察到孩子出現性徵迅速成熟、骨齡快速進展、生長板快速閉合的現象，反而大幅壓縮生長時間，最後讓孩子終止在一個相當不理想的身高。等到發現成長速度趨緩前來就醫，在這樣幾近閉合或完全閉合的生長板，內科藥物治療實已無能為力。由於看過太多無法挽回的案例，邱醫師十分反對盲目服用轉骨方，也不斷提醒家長千萬不要忽略：**中藥是可以改變孩子體質或病證的「藥物」**。切勿以訛傳訛，把孩子當做藥罐子來做實驗，常常勞民傷財又揠苗助長，得不償失！

有體質偏差，中藥調理：可讓成長加分！

邱醫師肯定中藥可以調理孩子偏差的體質，進一步改善生

長。所以邱醫師除了在門診幫孩子檢視正在服用的中藥組成之外，也會將特定個案轉介給中醫師，其中大多是營養不良、瘦小的孩子，藉由中醫藥調理脾胃運化功能，進而改善孩子的生長。此外，由於孩子有「陽常有餘，陰常不足」的生理特點，容易因為睡眠障礙導致「陰虛火旺」；再者，現代的孩子也常因情緒管控障礙導致「肝鬱氣滯」，甚至合併注意力不足過動症或妥瑞氏症，也都可以藉由中醫藥調理體質，進一步改善孩子的生長發育。

用藥處方必須回歸中西醫師專業

由此可知，身體健康、正常生長發育之兒童，在體質穩健，陰平陽秘之下，是不需要也不應該使用藥物介入的！即使孩子體質有所偏差，需要調理，也應針對個別孩子當下的表徵對證用藥。治療過程，還須隨著證型的轉變，動態調整用藥。

至於門診中，常有爸爸媽媽詢問中藥是否可以給孩子使用，邱醫師進一步詢問在服用什麼樣的中藥，常常得到的答案是「水藥」、「藥粉」、「成長一號方」。而重點應了解此中藥當中使用的方劑、單味藥與劑量等資訊，水藥、藥粉

只是中藥的一種劑型,而成長一號方是坊間自擬的方劑名稱,還是需要有清楚的藥物組成資訊方能做為參考判斷。

所以,以後家長若要詢問邱醫師目前手邊的中藥可否給孩子吃,請爸爸媽媽提供完整的藥袋資訊內容供邱醫師參考判斷喔!

小兒用藥充滿藝術與學問,需要相當的臨床經驗,熟悉兒童病生理特性的中醫師,方能用藥得當。因此,當爸爸媽媽們對孩子的體質有疑慮,可以帶孩子尋求經過正規訓練的中醫師診治,藉由中醫師的專業,判斷孩子體質是否需要調理;若是對孩子的生長有疑慮,則應由西醫兒童內分泌專科醫師親自診視、評估,安排必要的檢查與治療,讓用藥處方回歸中西醫師專業。再次強調:「專業醫師開處方,用藥安全有保障。」

如何幫助兒子
高人一等？

想幫助孩子高人一等，首先要了解孩子的生長節奏，從小記錄，充分掌握。成長紀錄會是重要的臨床判斷依據。

熟悉並充分落實長高五要件：「遺傳」、「健康」、「營養」、「睡眠」、「運動」。

「勿過食，忌妄補」，研究證實，肥胖孩童，在成長之
路上，常常「贏在起跑點，卻輸在終點前」。

有任何症狀或疾病，看對科別，做出正確診斷與適切
治療。遇到任何疑惑，及時尋求專業協助。

了解正常生長節奏，
從小記錄，充分掌握

經過前面章節的介紹，爸爸媽媽們對於正常兒童生長發育有所認識之後，相信對於男孩成長旅程沿途可能會經歷的景點與挑戰都能有所掌握。接下來就要應用、落實在寶貝兒子身上。

成長旅程中，請徹底落實孩子的成長紀錄。四歲前，請配合國健署定期的預防接種，每次的接種門診，醫療院所會幫孩子測量身高、體重、頭圍，爸爸媽媽可以在就醫時請教醫師，孩子的生長是否正常。四歲以後，孩子開始進入幼兒園生活，**學齡兒童建議每三個月能有一次身高、體重的測量與紀錄。**

每一次的測量紀錄，就好比旅程中行車紀錄器的內容，**請完整留存。當孩子因為生長發育相關問題就醫，請務必攜帶並提供給醫師參考。**這份孩子從小到大的成長紀錄將會是相當重要的臨床判斷依據。

詳細應記錄的內容與頻率，請參照本書附件「寶貝兒子成長紀錄手冊」。

熟悉並充分落實「長高五要件」

邱醫師常在門診跟家長分享:「長高五要件」幾乎決定了一個孩子的最終身高!「長高五要件」包含:遺傳、健康、營養、睡眠、運動。

「遺傳」:可以了解,但不要糾結

來自父母的身高遺傳基因,無法改變。但遺傳並非決定最終身高的唯一條件,「七分天註定,三分靠打拚」,就好比我們無法決定自己出生在什麼國家、種族、父母,無法決定自己得到什麼品牌、規格與性能的車子。但透過對自己的了解及後天的努力,依然可以走完一段精采旅程,完美抵達終點。

「健康」:是一切的根本

生長遲緩可能是疾病的警訊! 有健康的身體,才能發揮孩子最佳的生長潛力!

而健康的身體有賴孩子從小良好的生活習慣養成,以及當孩子出現疾病相關症狀與跡象時的及早就醫、正確診斷與

及時治療。就好比開車要有良好的開車習慣、定期保養，一有風吹草動，應立即檢查，及早維修，車子才能開得長長久久，帶領我們安全抵達目的地。

「營養」要適中：均衡、健康、適量的飲食攝取

成長的旅程要走得順遂，除了要有一部好車，還要加好油！孩子生長要長得好，除了要有健康的身體，還要有均衡、適中的營養攝取！ 家長們常常詢問，要讓孩子長的高需要補充什麼保健食品？ 其實，孩子最需要的是六大類食物適量、均衡攝取，而非特別偏重某一樣營養元素。

● 全穀雜糧類

可提供熱量，還可轉換成葡萄糖供細胞使用，提供維生素B、E與膳食纖維，是成長發育期兒童每餐不可或缺的食物種類。每餐建議份量可以「比拳頭多一點」(孩子的拳頭)做為簡易的判斷。

● 豆魚蛋肉類

蛋白質最重要的來源，蛋白質進到人體會被分解酶分解為小分子的胜肽或胺基酸，是組成人體所有組織、器官的必

需營養素，也是許多荷爾蒙的原料（如生長激素、甲狀腺素等），所以一旦蛋白質攝取不足，孩子幾乎都會呈現營養不良的瘦小身軀，成長速度也將大受影響。簡易的建議攝取量為「一餐一掌心」。

● 乳品類

最主要的鈣質攝取來源，因此在成長發育期的兒童，建議可以「早晚各攝取240毫升的牛奶」來獲取足夠的鈣質。乳糖不耐症的孩子，可以改由優酪乳、優格或起司來替代。而豆漿的鈣含量大約只有等量牛奶的七分之一，較難一次補足一天所需之鈣質建議量。其他含鈣食物還包含芝麻、小魚乾、小方豆干、凍豆腐、油豆腐、傳統豆腐、豆干絲、海帶與綠色蔬菜等，也都可以做為替代選擇唷！

● 蔬菜類

富含膳食纖維，有益於腸道益菌的生存，可幫助腸道健康的維持。此外還可以提供礦物質、維生素、植化素（如花青素、胡蘿蔔素、茄紅素、多醣體等）。建議「每餐至少攝取1拳頭」的蔬菜，均衡攝取五色蔬菜，以獲取不同種類蔬菜的不同營養元素！

● 水果類

富含礦物質與維生素，建議攝取份量為「一餐至多一拳頭」。水果其實富含相當高比例的果糖，還是會對人體血糖調節造成影響。長期過量攝取，會增加糖尿病的風險。

許多孩子習慣在晚上補習回到家後吃水果當點心，過量攝取造成夜間相對高血糖，這會間接影響夜間生長激素的分泌，進而影響長高。蔬菜、水果類的選擇，邱醫師建議優先選擇臺灣本土當季盛產、有政府安全檢驗認證標章的蔬果，新鮮、好吃、便宜、安全又有保障！也請不要以果汁取代原型水果。

● 油脂與堅果種子類

可以提供脂肪、必須脂肪酸、維生素E、礦物質等人體所需的營養素。但熱量高，不適合多吃。堅果種子類建議每餐一拇指份量，盡量選擇無調味的堅果。三餐烹調用油建議選擇不飽和脂肪含量高、零反式脂肪的油品，如橄欖油、大豆油、苦茶油、葵花油等，應避免高溫烹調（如油炸）。

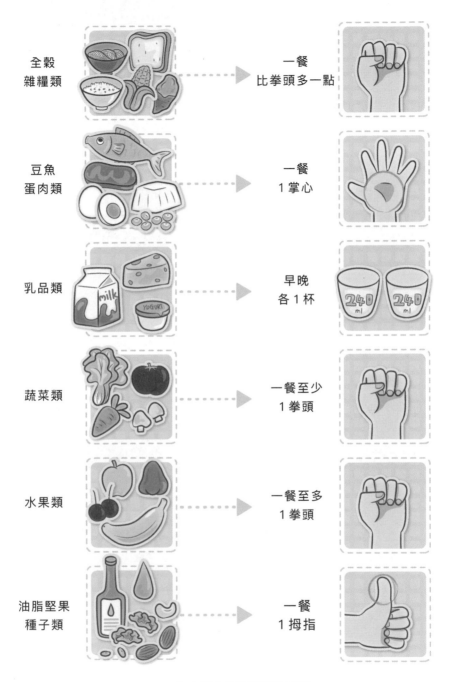

全穀雜糧類	→	一餐比拳頭多一點	
豆魚蛋肉類	→	一餐1掌心	
乳品類	→	早晚各1杯	240 ml 240 ml
蔬菜類	→	一餐至少1拳頭	
水果類	→	一餐至多1拳頭	
油脂堅果種子類	→	一餐1拇指	

六大類食物與建議攝取量

除了均衡，還要適量。各個年齡層孩子因應成長需求所需要的熱量都不同，而不同的性別與活動量需求，也讓每個孩子需要的卡路里有所差異。以下列出男孩不同年齡層每日熱量需求表供大家參考，若您的孩子有營養失衡的情形，請尋求醫師與營養師的專業協助。

年齡	熱量（大卡Kcal）	
	活動量－稍低	活動量－適度
0－6個月	100大卡／公斤	
7－12個月	90大卡／公斤	
1－3歲	1150大卡	1350大卡
4－6歲	1550大卡	1800大卡
7－9歲	1800大卡	2100大卡
10－12歲	2050大卡	2350大卡
13－15歲	2400大卡	2800大卡
16－18歲	2500大卡	2900大卡

臺灣男孩每日熱量攝取建議表

資料來源：衛福部國健署「國人膳食營養素參考攝取量」第八版

「睡眠」：一暝大一吋。睡得早、睡得飽、睡得好

閩南語歌謠〈搖囝仔歌〉中，讓人琅琅上口的「嬰仔嬰嬰睏，一暝大一吋；嬰仔嬰嬰惜，一暝大一尺」，相信大家都不陌生。這是前人長期觀察到睡眠充足且睡得安穩、有安全感的孩子，往往長得比較高大，因而流傳下來的一句諺語。

從睡眠醫學的角度來看，生長激素在一天24小時中持續呈現脈衝式分泌，晚上22：00至凌晨3：00分泌量最多，其中「深度睡眠期」階段分泌量最多，足足佔了一天的七成。一般深度睡眠期（慢波期）多發生在入睡後的第30至90分鐘，因此**建議兒童青少年盡量在晚上21：30前入睡，以使生長激素達到最佳分泌狀態。**

在睡眠剝奪的動物與人體都有觀察到生長激素分泌減少的現象。臨床上時常可見兒童青少年在熬夜與睡眠障礙的那段時間成長速度明顯趨緩，而改善睡眠時間與睡眠品質後成長速度大幅改善的案例。

時下兒童青少年普遍存在晚睡或睡眠障礙的問題，建議家長可以嘗試以下方法，解決孩子的睡眠問題，進而改善孩子的生長潛力。

- 建立固定睡眠時間：固定上床睡覺與起床的時間
- 良好睡眠環境：安靜、黑暗、溫度適中，避免聲、光刺激
- 睡覺前一小時避免使用3C產品
- 睡前儀式的建立，如聆聽輕柔的音樂、親子共讀、舒眠伸展運動、按摩推拿等
- 午睡時間不要超過30分鐘
- 睡前避免孩子情緒過度激動起伏

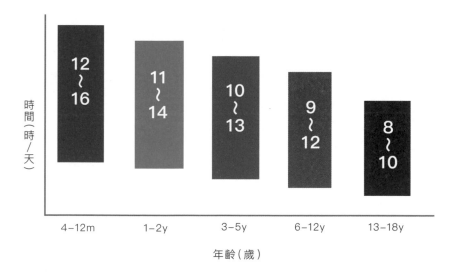

兒童青少年建議睡眠時間

參考資料來源：美國睡眠醫學會

American Academy of Sleep Medicine (AASM)

「運動」：陪伴孩子一生健康的好朋友

● **運動為什麼可以幫助兒童生長**

運動可以透過許多途徑來幫助兒童的線性生長：

1. 刺激生長激素的分泌
2. 增加骨質密度
3. 增加肌肉量與強度
4. 減少脂肪細胞囤積，避免兒童肥胖與性早熟。
5. 改善睡眠品質，增加深度睡眠的穩定度，使夜間生長激素分泌的品質更好。

● **運動的好處不勝枚舉**

1. 提升IQ與EQ。孩子從事運動的過程，可以促進腦部血液循環，刺激腦內啡（endorphins）與血清素（serotonin）的分泌，穩定情緒，產生愉悅的感覺，並改善睡眠品質。運動還能增進腦源性神經滋養因子BDNF（brain-derived neurotrophic factor）的分泌，促進腦部神經元的生長與神經細胞突觸形成，優化孩子的認知功能，使孩子變得更聰明。

2. 增進體能、提升專注力。完成一項運動需要視覺、聽覺、觸覺、本體感覺等多種感覺與動作的統合協調。運動可以改善心肺功能、訓練肢體動作的協調與反應靈敏度。許多研究也證實，運動可以明顯改善注意力不足過動症與妥瑞氏症兒童的症狀，提升孩子的專注力。

3. 運動家精神的養成。孩子可在運動競賽的過程，學習堅持到底、全力以赴的運動家精神。訓練面對瓶頸、挫折、失敗時的情緒調節與抗壓力，並培養面對成功勝利時的謙卑態度。

4. 學習團隊合作、增進人際關係。團隊競賽型運動的參與，可從中學習如何遵守團隊紀律，並透過與隊友溝通協調、技能切磋精進、互助合作來取得勝利。失敗時的互相加油打氣、反省回饋，更是讓孩子勇敢面對自我不足，努力改變求進步的可貴經驗。而克服困難瓶頸、進步的過程，更可以大大建立孩子的自信心。

5. 有病治病，沒病強身。早在戰國時代《呂氏春秋》:「流水不腐，戶樞不蠹，動也。形氣亦然，形不動則精不流，精不流則氣鬱。」即載明運動對於氣機循環與健康

的重要性。從古至今,現代醫學的研究也證實運動可以預防並改善諸多疾病,舉凡肥胖、糖尿病、高血壓、高血脂、脂肪肝、心血管疾病、憂鬱症、失眠,甚至癌症。**運動是有別於保健食品,真正安全、有效、便宜,又不用擔心副作用,是「有病治病,沒病強身,延年益壽」最值得長期投資的一帖良方與績優股。**

6. 改善親子關係。**兒童規律運動習慣的養成,家長與孩子共同參與運動是最好的方式。愛運動的孩子背後,常常可以看到愛運動的父母。**而全家共同參與運動的過程還可以培養親子關係、建立手足情誼,營造幸福的家庭氛圍。

● **兒童青少年如何運動:形式不拘、強度要夠、時間要足**

1. 形式不拘。常有家長詢問「聽說打籃球可以幫助長高」、「聽說練體操、跳芭蕾舞會長不高」,這樣的迷思其實國內外都有,也已有相關研究證實此乃誤會一場。這樣的誤會其實是一種選擇性偏差(selection bias)。

高大魁梧的選手在籃球運動中具備捷足先登、投籃得分的優勢。嬌小身材的靈活體操選手方能完成翻滾、拋接等高難度動作。苗條纖細的芭蕾舞者才能整齊劃一地展

現曼妙的舞姿。特定運動種類，有其特定的選手體型需求，因而造成大家表面上所看到的，似乎打籃球的孩子都比較高，練體操、跳芭蕾舞的孩子都比較嬌小的假象。

其實對兒童而言，運動不拘種類與形式，都不會特別抑制生長（舉重除外）。只要是孩子有興趣、能持之以恆、樂在其中的運動都是好運動！

2. 強度要夠。最大心跳速率（Maximum heart rate）是衡量成人運動強度的重要指標。一個有效的運動應至少達到最大心跳速率的60%以上。最大心跳速率＝220－年齡(歲)。

   兒童族群可以在20～30分鐘的運動後達到明顯感覺心跳加快、有點喘、流汗的程度做為運動強度是否足夠的參考準則。

3. 時間要足。**世界衛生組織與國健署都建議：學齡兒童與青少年每日應有至少一個小時的中強度運動。**

留意媒體使用對孩子的影響

多媒體世代、人工智慧AI世代的現在與未來兒童,從出生開始接觸多媒體與智慧裝置是不可避免的趨勢。

多媒體與智慧裝置大大改善了人類的生活品質與便利性。特別在COVID-19疫情世代,多媒體與網路克服了安全社交距離的時空限制,維持社會的正常運作。遠距教學讓孩子的學習不中斷,甚至提供更豐富多元的學習資源。

然而,媒體與3C產品的使用無形中也給孩子帶來許多身心靈負面影響。兒童近視比例增加,靜態3C產品的長時間使用佔據了運動與戶外活動的時間,造成兒童普遍運動量不足、過重、肥胖與睡眠障礙。習慣接受聲光影像動畫的多元豐富元素刺激,讓孩子變得排斥接觸平面書籍與文字閱讀。網路與電玩成癮的問題也已釀成多起家庭糾紛甚至自殺悲劇。

不當的媒體資訊內容,讓孩子變得有語言與肢體暴力傾向,不當的交友與情色想像,甚至引誘犯罪,衍生出兒童青少年霸凌、詐騙、性侵、青少女未成年懷孕生子等社會問題,影響層面之廣,不容忽視!

建議家長可以透過以下方式，留意孩子的媒體使用現況：

- **掌握媒體使用時間**

    → 兩歲以下：盡量不使用 3C 產品

    → 兩歲以上：＜ 1 ～ 2 小時 / 天

- **掌握孩子的媒體使用狀況**

    → 應用程式、遊戲與社群網站

    → 瀏覽過的網頁內容紀錄與搜尋紀錄

    → 交友對象

- **建立 screen-free zone, screen-free time 與 screen-free activity**

    → 家中臥室、餐廳與書房不要有 3C 產品

    → 制訂固定零 3C 時間，如：睡前一小時不使用 3C 產品

    → 安排固定零 3C 活動，如：登山、運動、畫畫、烹飪、樂器、手作等活動

- **家長陪同孩子使用 3C 媒體，並以身作則遵守規範**

- **教導孩子學習網路安全、法律規範與隱私的重要性，培養媒體素養**

勿過食、忌妄補

養得白白胖胖，才有本錢抽高？

相信大家都不陌生，老一輩長者常說「小孩養胖一點，以後才有本錢抽高」。事實上，研究證實肥胖兒童確實在青春期前長得比較快，但整個成長時間會比較短，最終身高反而略差一籌。在兒童生長門診很常見肥胖兒童骨齡明顯超前，合併骨齡快速進展，生長板快速閉合，導致生長期提前結束，我常稱之為「贏在起跑點，但卻輸在終點前」。

我的孩子應該要補鈣嗎？

兒童與青少年時期適量的鈣質攝取與吸收，有助於骨本儲存與骨骼健康成長。

特定低血鈣疾病的兒童（如佝僂症或假性副甲狀腺功能低下）會因為血鈣不足，鈣磷代謝異常，而造成生長遲緩與骨骼病變，需要藉由處方用藥補充足夠鈣質來改善生長。

一般健康兒童的生理所需鈣質應由天然食物中攝取，不應自行以藥物或保健品來輔助或取代。

常見富含鈣質的食物如牛奶、乳製品、豆類、麥片、芝麻、小魚乾、豆干、綠色蔬菜等。一天500毫升的牛奶再加上均衡營養攝取，成長所需鈣質足矣。

市售鈣質保健品，常常除了鈣質本身，額外添加許多化學成分，已有許多臨床觀察發現，兒童在服用鈣質補充品的過程發生骨齡快速進展的現象。

2021年11月一篇刊登在知名醫學期刊《刺絡針》(The Lancet) 上關於營養對青少年生長相關的研究論文上提及，兒童補充鈣質後長期觀察後續生長的研究結果顯示，額外補充鈣質組生長時間反而提前結束，最終平均成人身高反而比安慰組矮了3.5公分。因而得到一個**健康兒童額外補充鈣質反而不利於生長**的推論。

請爸爸媽媽們在看到誘人廣告時先冷靜下來，若實在很心動或有疑惑，也請先詢問孩子的醫師，切勿衝動購買，強迫孩子服用，甚至推薦親朋好友服用，當心反而揠苗助長，後悔莫及。

我的孩子應該要補鋅嗎？

鋅是人體必需的微量元素，參與人體許多系統功能的運作，包含免疫功能、組織修復、傷口癒合、皮膚健康、睪固酮合成等。鋅缺乏的兒童可能出現食慾不佳、生長遲緩、免疫力差、容易感染、皮膚炎、腹瀉、落髮等現象。鋅缺乏的生長遲緩兒童在經由適當的鋅補充與治療後，可以改善生長速率。

健康兒童鋅的來源主要來自食物攝取，如牡蠣、蛤蠣、蝦子等帶殼海鮮、牛豬羊肉、堅果、蛋黃等都富含鋅，不挑食、均衡飲食攝取的健康兒童一般不會鋅缺乏。**沒有鋅缺乏的兒童額外補充鋅錠對成長沒有正向助益**，不當補充當心出現噁心、嘔吐、腸胃不適等鋅中毒的副作用。

若對於孩子是否鋅缺乏存在擔憂與疑慮，請詢問專業醫師，醫師將針對個別孩子進行評估，若證實有鋅缺乏的問題，醫師也會給予孩子所需的處方用藥與劑量，請家長不要自行購買補充品給孩子服用。

遇到生長疑惑 —— 及時尋求「專業」協助

孩子成長過程中，遇到生長相關困惑與疑慮，擔心孩子是否生病，是否應該使用任何藥物，都應尋求專業協助。網路資訊雜亂而真假難辨，也常有利益取向的商業目的滲透其中。

邱醫師建議家長們在「**評讀網路醫學文章**」時，可以透過以下原則做初步判斷：

- 醫學資訊應由該疾病所屬專科、次專科醫師執筆書寫。隔行如隔山，特別是博大精深的醫學領域。除了要有相關專科、次專科嚴謹的訓練背景，還要有相關的臨床經驗累積與不斷地進修更新醫學新知，方能獨當一面，具備因應該科別領域疾病各種千變萬化的挑戰能力。

- 文章作者應明確具名。清楚註明作者醫師服務機構與全名，是對文章內容負責任態度的表現。

- 留意文章刊登日期與更新日期。醫學的研究與發展日新月異，過去的醫療指引不適用於現今的臨床醫學。因此

閱讀醫療文章，應盡量選擇較新發表或持續更新的內容，方能與時並進。

- 標題應切合主題與文章內容。商業化經營取向的網路文章，往往為了流量與點擊率，刻意以聳動、吸睛、誇大不實的「誘餌式」標題來吸引讀者的目光。然而內容卻與標題不盡相符，甚至以標題刻意誤導觀眾。醫學文章應格外嚴謹，不應誇大療效、公開招攬。

....

最後，即使是專業、可靠的醫療文章，也不應直接全然套用在自己或孩子身上，擅自下診斷，並自行用藥。「線上醫療諮詢服務」，雖可提供正確醫療資訊，避免錯誤就診，節省摸索轉診的寶貴時間，也無法完全取代面對面看診。

還是要再次強調，有任何疑難雜症，應尋求相關醫療專業，正確就診，由專業醫師做診斷與執行醫療處置，方能保障孩子的安全。

看對科別 —— 正確診斷與適切治療

男孩常見問題就醫科別建議

症狀或疾病	建議就診科別
身材矮小、肥胖、性早熟、性晚熟 甲狀腺問題、糖尿病	兒童內分泌科
尿道下裂、腹股溝疝氣、隱睪症、陰囊 水腫、包埋式陰莖、包皮問題	兒童外科
便祕、腹瀉、腹脹、嘔吐	兒童腸胃科
關節疼痛、步態異常、脊柱側彎、長短 腳、扁平足、青蛙肢	兒童骨科
異位性皮膚炎、氣喘、過敏性鼻炎	兒童過敏風濕免疫科
注意力不足過動症、憂鬱、焦慮、情緒 障礙、創傷後壓力症候群、網路成癮、 自閉症	兒童心智科
妥瑞氏症、癲癇、語言動作發展遲緩、 頭圍過大或過小、頭痛、頭暈	兒童神經內科
血尿、蛋白尿、泌尿道感染	兒童腎臟科
淋巴結腫大、面色蒼白、疲倦、不明原 因多處大片瘀青、體重減輕	兒童血液腫瘤科
學齡前疫苗接種	健兒門診
青少年疫苗接種、感染性疾病	兒童感染科
先天性心臟病、心雜音	兒童心臟科
染色體異常、先天代謝異常	兒童遺傳代謝科

何時可以尋求中醫協助

當男孩出現上述問題，建議先尋求西醫相關兒童次專科醫師的專業評估診斷，若有相關疾病應優先配合西醫治療。過程中如希望輔以中醫療法，可以與西醫師諮詢討論，並請西醫師推薦轉介。

若孩子經西醫兒科醫師診斷無相關疾病，但仍有所不適，處於「亞健康」狀態，或有體質偏差的表現，如睡眠障礙、腹瀉、食慾不振、消化不良、口舌生瘡、口臭、青春痘、便祕、情緒障礙、手腳冰冷等，可以透過中醫的治療來調理體質、改善症狀、幫助生長。

建議優先選擇有**接受過西醫兒科醫師訓練或具西醫兒科專科醫師證照的中西醫師或中醫兒科醫師為佳。**

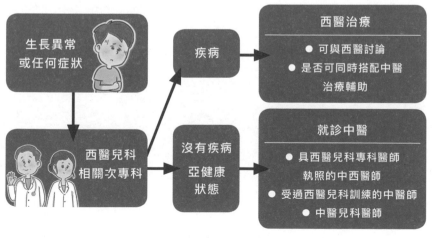

就醫建議流程圖

身高以外的事

矮小大部分不是病，應充分了解孩子矮小的背後原因，方能掌握改善孩子生長的正確方法。

良好生活態度與習慣的養成，是守護一輩子健康的基礎，不是只是為了要長高而已。

身高不是唯一，家長不應時常拿孩子的身高做比較，
讓孩子誤解身高才是一切。

家長應以身作則帶領孩子從小建立良好的生活習慣與
人生態度，讓我們一起為守護孩子的身心健康努力。

生長異常可能是疾病的警訊

許多疾病都會直接或間接地影響孩子的生長，家長與兒童照護者應對男孩的正常生長時程、生長速度、青春期發育時間等有基本的了解與掌握，方能從異常生長中，盡早發現、及早正確就醫，早期診斷、早期治療，守護孩子健康，把握黃金生長期。

矮小大部分不是病

大多數前來就診的矮小孩童並非病理性因素所致，有許多是遺傳性矮小、體質性生長遲緩，更多是導因於不良生活習慣所致的生長遲緩，如長期的不當飲食、熬夜、睡眠不足、及運動量不足等。應充分了解孩子矮小的背後原因，方能掌握改善孩子生長的正確方法，而非一味地尋求藥物治療的介入或添購保健食品，不僅無助於孩子生長，甚至給孩子的健康帶來無形中的傷害與負擔。

不良生活習慣除了會影響成長，還會導致未來成人疾病的發生

大家耳熟能詳的「飲食、運動、睡眠」這些良好生活態度與習慣的養成，除了會影響兒童青少年的生長，更是守護孩

子未來一輩子健康的基礎。臨床上偶爾可見家長灌輸孩子做這些行為與努力，一切都只為了長高，孩子在生長遇到瓶頸與挫折時，或終於達到成人身高後，便不再重視這些健康行為的重要性，終究釀成未來疾病的發生，甚至這樣的不良行為還會透過「表觀基因學」影響到後代子孫，造成下下一代的生長異常與疾病發生。

以女孩常見的性早熟為例，目前已有許多證據顯示與未來成人時期的肥胖、代謝症候群、心血管疾病，甚至是「發生率逐年竄升且快速年輕化的乳癌」，以及卵巢癌、子宮內膜癌等疾病息息相關。

許多家長告訴孩子，這些垃圾食物等長大以後就可以盡量吃了，殊不知這些環境荷爾蒙干擾物同時也是致癌物！在孩子沒有正確觀念的前提下，待孩子長大成人，脫離父母的保護傘，自己生活時，往往為了方便、省時、享受，忽略了健康飲食、正常睡眠、規律運動、避免高熱量食物、精緻食物、含糖飲料、環境荷爾蒙干擾物的重要性，最終種下未來疾病的種子，甚至殃及下一代。

身高不是唯一也不是一切

如同自然界萬物，動物體型本有大有小，有高有矮，有胖

有瘦，人類亦然。只要孩子身體健康、生長趨勢符合遺傳條件，與同種族標準身高範圍沒有太大的落差，皆屬正常生長。

家長與醫療工作者不應灌輸孩子矮小就是生病、矮小就是弱勢的錯誤觀念。也不應該一再以身高來加諸孩子壓力，時常拿孩子的身高做比較，讓孩子誤解身高才是一切，長得矮就什麼都不是，常常這些大人們認為無心的話語，無形中其實對孩子的心理造成了不小的傷害與衝擊。

歷史上矮個子的名人不勝枚舉，舉凡在法國大革命中一枝獨秀創造法蘭西帝國的拿破崙，身材雖小但足智多謀；剛正不阿與廉潔純樸給後世留下不少佳話的齊國宰相晏嬰；才華洋溢，留下許多永世流傳著名畫作的西班牙藝術家畢卡索；英國首相邱吉爾；美國總統詹姆斯・麥迪遜；奧地利作曲家古斯塔夫・馬勒；魅力無法擋的好萊塢演員湯姆・克魯斯……等。

家長應以正向鼓勵取代責備謾罵，也應多方發掘個別孩子的優點與長處，並以身作則帶領孩子從小建立良好的生活習慣與人生態度，並引導孩子學會欣賞他人的優點、包容他人的弱點，並學習尊重他人的專業。讓我們一起為守護孩子的身心健康與正向的社會風氣努力。

家長與小朋友
就診心路歷程分享

經過前面十一個章節的介紹，相信爸爸媽媽們對於男孩的成長旅程，已經有了大部分的瞭解與掌握。第十二章，邱醫師特別邀請幾位男孩家長，來分享爸爸媽媽們當時面對男孩成長發育的擔憂，就醫的歷程，面對診斷時的壓力，決定治療或不治療過程的糾結與掙扎，以及後續完成治療，順利長大的喜悅。

幾位男孩分別屬於不同情境的案例。有為了孩子的肥胖與骨齡超前，曾經掙扎是否要打性早熟針，被邱醫師勸退，爸爸配合醫囑卯盡全力幫兒子進行運動特訓，最後兒子不僅比遺傳身高長得更高，還減肥成功，學業表現也相當出色，國中會考順利考上理想高中；有家長觀察敏銳察覺幼兒生長趨緩便積極就醫，讓孩子能及早診斷腦下垂體功能低下，盡早接受治療，不僅身高顯著進步，還因此避免多重荷爾蒙缺乏引起的長期併發症；有診斷生長激素缺乏的男孩，在全家的支持下接受生長激素治療，認真遵循醫囑並努力落實健康生活習慣，從國一全年級最矮，到現在174公分，甚至超越爸爸，突破遺傳身高。

希望透過真實個案的生長歷程，與過來人的現身說法，讓即將開啟成長旅程或正在十字路口徬徨徘徊的爸爸媽媽們，能有所依循。

除此之外，這幾位家長對於孩子的正向養育、信任專業、遵從醫囑，勇敢提出疑問，理性溝通討論與面對問題，以身作則、用心陪伴，以肯定與鼓勵取代要求與強迫，以實際行動取代逃避，勇於解決問題等教養態度，更是值得你我學習的優良典範！

有健全家庭支持的孩子，除了能從小建立良好的生活習慣，健康成長，發揮最佳的生長潛能，常常也都能兼具自律、責任感、自信心、良好人際互動等健全多元的發展。正所謂「**態度決定高度**」，與各位共勉之！

畢業後的失落感

◎ Yang & Betty

認識邱巧凡醫師說來是一場奇妙的際遇！ 當初聽聞家長們紛紛帶小孩看生長門診照骨齡的風潮，便跟著上網做了功課，帶著兩個寶貝回到當年出生的台北長庚醫院兒童內分泌科，點兵閱將選擇了邱醫師，展開了我們家與邱醫師至今六年多的緣分。

第一次在診室外候診時，兩個寶貝顯得十分焦慮不安，看的媽媽也不知不覺跟著心急了起來，心疼地詢問孩子：「你們怎麼了？」不問則已，一問不得了，「醫生是男生還是女生？」「他會不會很兇？」「會不會被抓去打針？」「有很多人在裡面嗎？」……，可見兩個孩子有多麼地擔心害怕。

終於，輪到我們了。第一眼看到邱醫師，第六感告訴我「找對人了！」一進門邱醫師面帶笑容，親切地向我們問好，瞬間我感受到孩子們卸下了心防，放開了原本握緊的雙手，也鬆開了原本皺緊的眉頭。實在難以想像，在爆滿的就診人潮下，邱醫師臉上依然看不出任何一絲倦容與不耐煩，對待每一位孩子與家長總是如此溫柔親切。

兒子Cano哥10歲第一次到生長門診做評估，身高148.5公分是同齡男孩數一數二的高，但體重也不惶多讓，BMI高達第99百分位！邱醫師告知Cano哥屬於肥胖等級。骨齡檢查結果讓我捏了把冷汗，10歲的年紀骨齡竟高達13歲！心想完了，該不會是性早熟？恐怕要打針治療了，也好擔心以後會長不高。

正當我內心無數OS與小劇場，頭腦一片空白的同時，邱醫師不急不徐地幫Cano哥檢查生殖器，並告知兒子還沒出現第二性徵，骨齡的超前是肥胖所致，不用也不應該打性早熟針，而是要認真做好體重管理，並定期追蹤後續生長趨勢與骨齡變化。

期間媽媽經歷無數次的掙扎，雖然孩子沒有性早熟但畢竟骨齡大了這麼多，飲食運動睡眠雖是解決問題的根本之道，但卻是抽象且看似老生常談，不打針真的沒關係嗎？「要先長胖才會抽高」真的是錯的嗎？

現在回想起來很慶幸當時有試著遵循邱醫師的建議，爸爸為了Cano哥的健康與生長更是不遺餘力！游泳、爬山、健走、仰臥起坐、滾輪……各種訓練樣樣來！再加上飲食控制的配合，Cano哥很標準的在將近12歲才開始出現第二

性徵。過程中我們也觀察到，孩子在體重控制穩定後，骨齡便不再異常快速進展。

六年來的努力非常值得，最後一次回診Cano哥國中三年級，身高177.6公分，已比我們夫妻的遺傳身高足足高出近6公分。體重也從最重的90.6公斤減到81公斤。

除了讓身高長得更好，孩子也因為良好的生活習慣阻止了後續肥胖的進展，阻絕了肥胖相關疾病的發生。Cano哥長高、體格變得更精實後，也對自己變得更有自信。現在孩子知道健康體型的好處與重要性，不用我苦口婆心，孩子自己會制訂目標努力控制體重。能自律後，學業上的表現也更加出色，會考如願考上理想高中。邱醫師看到孩子各方面的進步，給予大大肯定，並宣布Cano哥已通過考驗，可以從她的門診正式畢業了！

看到孩子的成長與進步，媽媽比誰都欣慰，但突然被宣布要從邱醫師的門診畢業，瞬間感覺好失落。回想過去每一次的回診，在邱醫師仔細的評估之下，得知孩子半年來的成長發育狀況與進步的幅度，心中總會有種令人安心的踏實感。

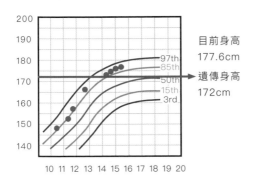

診斷：肥胖
治療：飲食、運動、體重管理

目前身高
177.6cm

遺傳身高
172cm

● 實際身高曲線

Cano 哥

實際年齡	骨齡	身高（cm）	體重（kg）	BMI百分位
10Y6M	13Y	148.5	54.9	99
11Y3M	13Y	152.7	58.2	99
11Y9M	13Y3M	157	61	97-99
12Y10M	13Y6M	174.5	71.9	97-99
14Y1M	13Y9M	174.5	85.9	99
14Y7M	16Y	175.5	90.6	99
15Y	17Y	176.7	84	97-99
15Y6M	17Y6M	177.6	81	90-97

Cano 哥成長紀錄

時下不少類似我們家 Cano 哥狀況的孩子，在初期發現骨齡超前便誤以為性早熟不當使用早熟藥物治療。許多家長也存在「有用藥才是有治療」的迷思，或在得知沒有性早熟便疏忽於持續追蹤孩子生長發育的重要性；或尋求坊間保健食品，花錢又傷身！卻忽略良好生活習慣對孩子成長與健康的重要性，最終孩子持續往肥胖之路發展，造成骨齡超前，提早結束生長。甚至數年後進展成糖尿病、脂肪肝等肥胖併發症。

家中的寶貝如果有生長的疑慮應尋求醫師的專業診療，遵循醫囑並定期追蹤孩子的成長趨勢。身為家長的我們也應該陪伴孩子從小養成良好生活習慣，鼓勵並支持孩子，養成對自己負責的人生態度。

如此一來，不僅能讓孩子健康成長，還能讓家庭和諧、全家健康，孩子在學業、人際交友等各方面的表現也會更加出色！是值得用心經營的一項投資！我們家做得到，相信你（妳）一定也可以！

叫我葛格

◎小寶媽媽

人言「第一胎照書養，第二胎照豬養」。雖然小寶是我們的第二胎，我們還是小心翼翼地從小留意孩子的生長與健康狀況。孩子1Y3M時，我注意到他的成長明顯趨緩，曾求助兒科醫師，醫師囑咐先追蹤再觀察，後續雖有些許長高，但半年才長2公分，眼看著生長曲線距離第3百分位漸行漸遠，我很是擔心，換了間兒科診所向醫師訴說我的擔憂，醫師立即安排轉診，讓我們遇到了邱醫師。

第一次的就診，邱醫師便耐心地詢問孩子是否曾經罹患任何疾病，也很仔細地幫孩子做全身理學檢查。檢查的過程邱醫師發現小寶有些特殊的外觀，包含較凸出的前額、較平坦的鼻梁與顴骨，較小的陰莖以及雙側隱睪。再加上孩子在嬰兒時期曾發生不明原因低血糖住院治療，這些特徵都與生長激素缺乏高度相關。於是邱醫師很快地安排血液、骨齡檢查，還住院進行腦垂體功能刺激測驗與腦部核磁共振檢查，原來小寶這些問題確實是來自腦下垂體發育不良，功能低下，造成許多荷爾蒙都分泌不足，包含生長激素缺乏、甲狀腺功能低下及腎上腺功能不足。確定診斷

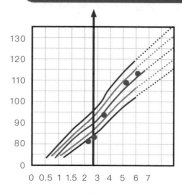

診斷：腦下垂體發育不全導致腦下垂體功能低下（生長激素缺乏症 + 甲狀腺功能低下 + 腎上腺功能不足）
治療：生長激素治療 + 甲狀腺素補充 + 可體松補充

爸爸身高
172cm

媽媽身高
160cm

遺傳身高
172cm

● 實際身高曲線

小寶

實際年齡	身高（cm）	身高百分位	身高速率
2Y1M	81.1	1.37	---
2Y7M	83.1	0.2	+2cm/6m
3Y7M	99.5	36.9	+16.4cm/yr
4Y7M	109.1	63.3	+9.6cm/yr
5Y2M	113.4	70.6	+4.3cm/7m

治療開始

小寶成長紀錄

後小寶就開始接受甲狀腺素與皮質類固醇的荷爾蒙補充治療。雙側隱睪症的問題，邱醫師也迅速幫我們轉介給外科醫師完成手術治療。

後續邱醫師說小寶的狀況符合健保生長激素治療的給付條件，並協助申請，孩子在2Y7M開始接受生長激素治療，治療的過程我們都很訝異孩子在治療前後生長的驚人差異。治療第一年，長高16.4公分，從不到第1百分位躍升至第36百分位，第二年達第63百分位，目前治療滿三年，身高已達第70百分位。

因為有帶孩子就醫，我們才知道原來孩子的腦垂體功能低下除了會長不高，若不及時治療還會影響智力發展，腎上腺危象甚至會有生命危險，雙側隱睪若沒及時手術恐影響未來生育能力及面臨睪丸癌變的風險。

我們夫妻倆都很慶幸當初能有此緣分遇見邱醫師，在孩子還小的時候就發現問題，精確診斷，並即時開始治療。

治療前小寶比大一歲的姊姊矮了半顆頭，現在小寶已經比姊姊高了！小小年紀的小寶對於身高的進步也感到相當興奮，現在每次回診小寶都堅持要邱醫師稱呼他是「葛格」。

一生一次的成長，不容忽視

◎ Juju & Joe

妹妹小五時因為青春期發育，便開始在邱醫師的生長門診定期評估追蹤。邱醫師說妹妹的生長發育都相當標準，只要有良好的生活習慣，便能達到理想身高。妹妹也相當配合醫師的囑咐，認真在飲食、運動與睡眠上下工夫，最後竟然長到跟邱醫師預測一模模一樣樣的成人身高(161公分)，對於嬌小的媽媽我來說，相當滿意！

斌哥的體型自幼就偏瘦小，起初想說男孩子應該會較晚開始生長，便沒特別在意。斌哥的成長速度就像蝸牛一樣緩慢，甚至後來還被小兩歲的妹妹給超越。雖然斌哥總是一笑置之，但其實矮小的個子，已讓國小時期的斌哥因此遭受同儕言語上的歧視。

永遠記得斌哥在國中一年級入學時，幾乎是全年級最矮小的，這一幕看在媽媽眼裡相當不捨。還有熱心的家長直接跟我說：「怎麼不帶孩子去看醫生呢？」聽在媽媽耳裡滿

是心疼。眼見國一青春期發育已經開始，斌哥仍以龜速成長，邱醫師認為孩子應該進一步做生長激素刺激測驗，檢查結果果真如邱醫師的預測，是生長激素分泌不足導致生長遲緩。

雖然找到長不高的原因，但得知孩子生病，身為家長聽了還是非常難過，開始自責是否自己沒把孩子生好、顧好。邱醫師接著耐心地說明疾病的緣由、可能伴隨的問題以及治療的方法，充分了解後，不再消極地負面思考，轉而以積極的心態，準備迎接挑戰，接受治療。

治療的方式是對症下藥施打生長激素，對於需要每天施打，且可能需長達3～4年的針劑治療，我們實在不知該如何對孩子啟齒。正當我們煩惱該如何對孩子開口時，孩子竟主動問我：「媽媽～今天學校生物課有教到生長激素耶，每天都要打一針，是真的嗎？」哇～真是上天的安排，我回答他：「下禮拜回診邱醫師會再清楚說明喔！」

斌哥認真聽完邱醫師的說明，解答了我們對於治療的疑惑與擔憂，我們便決定開始接受治療。永遠記得斌哥開始治

療的日子2018年12月25日，第一針是我幫孩子打的，如果問我當時是什麼感覺，就是強忍著淚水扎下去。之後的1,459針都是斌哥自己完成注射的，很勇敢吧！

斌哥是個相當懂事貼心也積極配合的孩子。四年多來的治療，斌哥一共打了1,460針！從大腿打到肚皮，不管是暈針或瘀青，斌哥從不抱怨，出遠門需攜帶保存藥物的冰桶，斌哥也都自己準備，不曾嫌麻煩。除了配合藥物治療，還不忘邱醫師的叮嚀，生活作息也要正常，充足的睡眠、積極的運動、均衡的營養缺一不可，為了長高，斌哥遵循醫囑認真執行。

原本龜速成長的身高，在接受生長激素治療後，斌哥的生長變得非常有感！牆壁上的身高紀錄每個月都要再往上劃一筆，我們跟孩子都感到相當雀躍！

很多人問我們為什麼要選擇打針，而不喝坊間的轉骨方？我們也曾經動搖，但最後經過謹慎的評估，我們選擇相信專業！邱醫師經過嚴謹的評估，看著孩子一路成長的趨勢，與出現的問題，縝密的檢查與診斷，精確的治療，過程中鼓勵孩子與家長，並視孩子的成長趨勢精準地調整

斌哥

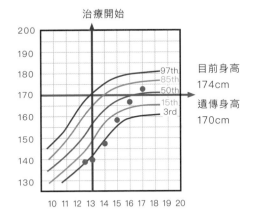

診斷：生長激素缺乏症
治療：生長激素治療

治療開始

目前身高
174cm

遺傳身高
170cm

● 實際身高曲線

實際年齡	骨齡	身高（cm）	身高百分位	身高速率
12Y6M	10Y	139.4	< 3	---
13Y	11Y6M	140.7	< 3	+1.3cm/6m
14Y	12Y9M	149.2	3	+8.5cm/yr
15Y	13Y9M	158.9	10	+9.7cm/yr
16Y	15Y	167.6	25	+8.7cm/yr
17Y	---	174	36	+6.4cm/yr

治療開始

斌哥成長紀錄

245

藥物劑量，斌哥從開始治療時的140.7公分，到現在已長到174公分，我深信這不是奇蹟，而是我們相信專業，配合醫師的治療與囑咐，加上孩子想長高的意念、家庭的支持，共同達到的成果！過程雖然辛苦，但辛苦努力耕耘長出來的果實，品嚐起來特別甜美！

最後，我想說的是，請相信醫師、相信專業、相信自己、鼓勵孩子，陪伴孩子一起成長！

謝謝～邱醫師的細心與耐心，看到男孩的不一樣，即時做出判斷，改變孩子的一生！

謝謝～孩子你的配合，1,460天=1,460針，雖然辛苦，但是非常值得！

謝謝～偉大的金主=孩子的帥爸，兒子高過你的那一刻，你說：我願意讓你超越！

成長旅程（男孩版）

生命有路 012

一張親子共乘的單程票，
一帖緩解家長擔心焦慮的良方

作者 ——— 邱巧凡
策劃 ——— 張佳雯

內頁插畫 — 照護線上
責任編輯 — 林煜幃
全書設計 — 吳佳璘

董事長 ——— 林明燕
副董事長 —— 林良珀
藝術總監 —— 黃寶萍

社長 ——— 許悔之
總編輯 —— 林煜幃
副總編輯 — 施彥如
美術主編 — 吳佳璘
主編 ——— 魏于婷
行政助理 — 陳芃妤

策略顧問 — 黃惠美‧郭旭原
　　　　　 郭思敏‧郭孟君
顧問 ——— 施昇輝‧林志隆
　　　　　 張佳雯‧謝恩仁
法律顧問 — 國際通商法律事務所
　　　　　 邵瓊慧律師

出版 ——— 有鹿文化事業有限公司｜台北市大安區信義路三段106號10樓之4
　　　　　 T. 02-2700-8388｜F. 02-2700-8178｜www.uniqueroute.com
　　　　　 M. service@uniqueroute.com

製版印刷 — 沐春行銷創意有限公司

總經銷 ——— 紅螞蟻圖書有限公司｜台北市內湖區舊宗路二段121巷19號
　　　　　　 T. 02-2795-3656｜F. 02-2795-4100｜www.e-redant.com

ISBN ——— 978-626-7262-32-0
初版 ——— 2023年8月

定價 ——— 450元
版權所有‧翻印必究

成長旅程：一張親子共乘的單程票，一帖緩解家長擔心焦慮的良方. 男孩版 / 邱巧凡‧著
一初版‧— 臺北市：有鹿文化 2023.8‧面；（生命有路；012）
ISBN 978-626-7262-32-0 1.育兒 2.衛生教育 3.親職教育 428..........112011449

📄 **基本資料**

姓名：_____

生日：_____

📄 **出生紀錄**

週數：_____週　　體重：_____公克

身長：_____公分　　頭圍：_____公分

 爸爸：_____公分 媽媽：_____公分

 遺傳身高：_____公分

臺灣男孩生長曲線圖

參考自臺灣兒科醫學會網站

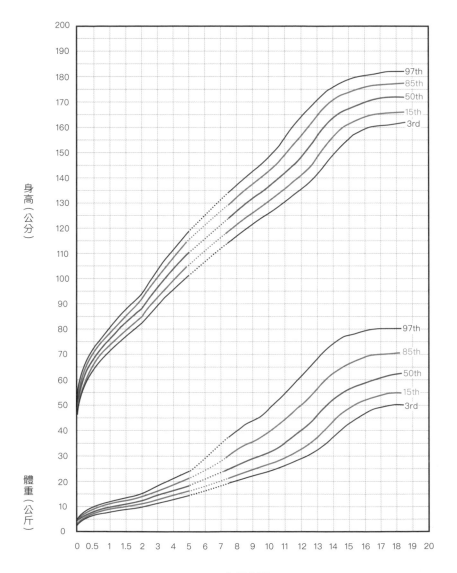

臺灣男孩 BMI 對照表

參考自臺灣兒科醫學會網站

年齡	過輕	正常	過重	肥胖
歲	BMI <	BMI 介於	BMI ≥	BMI ≥
0	11.5	11.5–14.8	14.8	15.8
0.5	15.2	15.2–18.9	18.9	19.9
1	14.8	14.8–18.3	18.3	19.2
1.5	14.2	14.2–17.5	17.5	18.5
2	14.2	14.2–17.4	17.4	18.3
2.5	13.9	13.9–17.2	17.2	18.0
3	13.7	13.7–17.0	17.0	17.8
3.5	13.6	13.6–16.8	16.8	17.7
4	13.4	13.4–16.7	16.7	17.6
4.5	13.3	13.3–16.7	16.7	17.6
5	13.3	13.3–16.7	16.7	17.7
5.5	13.4	13.4–16.7	16.7	18.0
6	13.5	13.5–16.9	16.9	18.5
6.5	13.6	13.6–17.3	17.3	19.2
7	13.8	13.8–17.9	17.9	20.3
7.5	14.0	14.0–18.6	18.6	21.2
8	14.1	14.1–19.0	19.0	21.6
8.5	14.2	14.2–19.3	19.3	22.0

臺灣男孩BMI對照表

參考自臺灣兒科醫學會網站

年齡	過輕	正常	過重	肥胖
歲	BMI <	BMI介於	BMI ≥	BMI ≥
9	14.3	14.3–19.5	19.5	22.3
9.5	14.4	14.4–19.7	19.7	22.5
10	14.5	14.5–20.0	20.0	22.7
10.5	14.6	14.6–20.3	20.3	22.9
11	14.8	14.8–20.7	20.7	23.2
11.5	15.0	15.0–21.0	21.0	23.5
12	15.2	15.2–21.3	21.3	23.9
12.5	15.4	15.4–21.5	21.5	24.2
13	15.7	15.7–21.9	21.9	24.5
13.5	16.0	16.0–22.2	22.2	24.8
14	16.3	16.3–22.5	22.5	25.0
14.5	16.6	16.6–22.7	22.7	25.2
15	16.9	16.9–22.9	22.9	25.4
15.5	17.2	17.2–23.1	23.1	25.5
16	17.4	17.4–23.3	23.3	25.6
16.5	17.6	17.6–23.4	23.4	25.6
17	17.8	17.8–23.5	23.5	25.6
17.5	18.0	18.0–23.6	23.6	25.6

男孩青春期發育

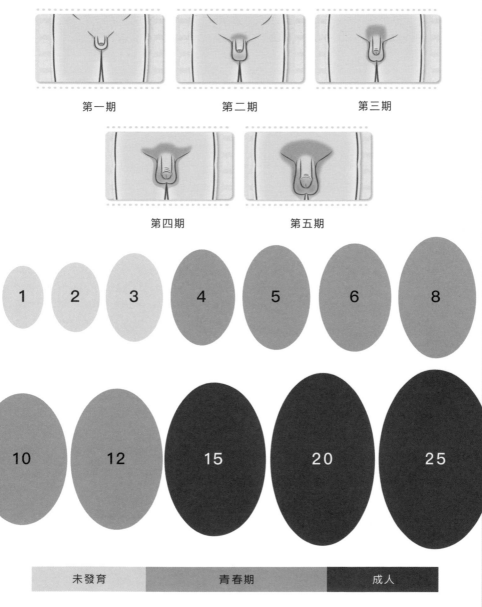

第一期   第二期   第三期

第四期   第五期

1   2   3   4   5   6   8

10   12   15   20   25

未發育   青春期   成人

睪丸測量器（數字代表體積，單位 ml）

生長紀錄
建議每三個月測量一次身高體重唷！

日期	年齡	身高		體重		BMI		備註
Y/M/D	Y M	公分	百分位	公斤	百分位	KG/M^2	百分位	

日期	年齡	身高		體重		BMI		備註
Y/M/D	Y M	公分	百分位	公斤	百分位	KG/M^2	百分位	

日期	年齡	身高		體重		BMI		備註
Y/M/D	Y M	公分	百分位	公斤	百分位	KG/M^2	百分位	

日期	年齡	身高		體重		BMI		備註
Y/M/D	Y M	公分	百分位	公斤	百分位	KG/M^2	百分位	

日期	年齡	身高		體重		BMI		備註
Y/M/D	Y M	公分	百分位	公斤	百分位	KG/M^2	百分位	

日期	年齡	身高		體重		BMI		備註
/M/D	Y M	公分	百分位	公斤	百分位	KG/M^2	百分位	

備忘錄

_____